생활 살림법

n of a medium
ns with 2 Tbsp
Roast until mush-
ges begin to curl,
lt to room temperature.
, mustard, and a pinch of salt.
3 Tbsp oil.
ing, toss the mushrooms, fennel, and
enough dressing to coat. Add herbs and
e. Serve with a few reserved fennel fronds.
BIODIVERSITY 57
a fig tree as a way of honoring my grandfather who had just passed away. Through the years
and me, he's been a solid companion and somewhat of a miracle, because despite
tainer I came in, and not getting much fresh air in my New York apartment, it somehow manages to
ucing fruit. A companion, because this tree has actually gone through emotional highs and lows with
illed with the greatest loneliness and heartache I've ever faced, and then, the end of my marriage. Through
been with me, and not just because we live in the same space. At times it's felt like my tree was showing
at my lowest low, it shed all of its leaves, when I started feeling the slightest bit of hope, bright green buds
rnight. When I lost that hope and got overwhelmed by the reality of starting a new life by myself, the
leaves every day I took the aggressively growing new leaves as a sign that he had enough hope
der that I'm not alone. We've been in this together, and if this little tree can find a way to keep
cumstances we've lived through, I guess I can, too. KRISTY MUCCI

집안일 걱정 덜어드리고 싶은 마음으로 정리한,
진짜 생활 살림 이야기

우연히 찾은 빛바랜 종이 한 장. 바로 10여 년 전 육아잡지에서 읽고 찢어 냉장고에 붙여놨던, 이 종이 한 장이 지금의 '생활 살림법'을 있게 한 시작이었다.

'식초의 원초적 본능 20'
식초가 청소 세제가 될 수 있다는 것이 신기했고, 아이가 어렸을 때라 몸에 좋다고 하니 더 관심이 생겨 동그라미를 치며 따라 했던 기억이 난다. 하나 둘 따라 하면서 열심히 식초 청소법을 실천하고 있던 어느 날, 이번에는 TV에서 레몬으로 청소하는 것을 보게 되었다. 비슷한 곳에 쓰이는데, 뭐가 다른 것인지 궁금했다. 마치 처음 요리할 때 레시피에 적혀 있는 그 재료가 아니면 요리를 완성하지 못하는 것처럼 매우 혼란스러웠다.
하지만 한 남자의 아내로, 아이의 엄마로 진짜 살림을 하면서 나름의 원리를 자연스럽게 알게 되었고 이것들이 모여 나만의 살림하는 노하우가 생기게 되었다. 이런 과정을 거치며 '생활 살림법', 이 책의 내용들이 정리된 것이다. 종이 한 장을 보고 아이의 건강을 위해서 시작했던 작은 실천이 이렇게 책까지 이어진 과정이 신기하고 감사한 일이다.

이젠 방송을 몇 해 하다 보니 방송되는 주제나 질문들이 계속 반복되는 것을 알 수 있었다. 봄이 되면 대청소와 미세먼지 촬영 요청이 많았고, 여름에는 곰팡이 청소법에 대한 방송 섭외가 많았다. 매해 주부들의 살림은 비슷하니 어쩌면 당연한 일이었다. 하지만 재료는 늘 달랐고, 방법도 조금씩 차이가 있었다. 계절에 맞는 값싼 재료, 이전에 없던 독특한 방법 등의 새로운 정보를 소개할 수 있어 뿌듯했지만 가만히 생각해보니 시청자는 혼란스러울 것 같다는 생각이 들었다. 내가 처음 식초와 레몬이 헷갈렸던 것처럼 말이다. 그래서 좀 쉽게 정리를 해보고 싶었다. 강의라면 모를까 짧은 방송 시간에는 그럴 수가 없었다. 안 그래도 신경 쓸 것 천지인 우리 주부들의 계절마다 반복되는 살림 걱정을 좀 덜어드리고 싶었다.

먼저 수납을 잘 해서 깔끔히 정리만 되어도 집은 훨씬 깨끗해 보인다. 손님이 급하게 올 때 쓸고 닦지는 못해도 위에 올라와 있는 지저분한 것만 후다닥 정리해도 집이 깨끗해 보이는 것처럼 말이다. 거기에 건강에 좋은 방법으로 청소를 하고 간단한 스타일링만으로도 집안의 분위기가 살았다. 즉, 정리·수납 – 청소 – 인테리어 순으로, 정리·수납 40%, 청소 40%, 인테리어 20% 정도로 에너지를 나눠야 살림에 균형이 맞았다. 그래서 책의 흐름도 거기에 맞춰 보려고 노력했다.

되도록 요령 있고 센스 있게 그리고 쉽게 살림하는 즐겁고 부담 없는 책을 만들기 위해 노력했다. 바쁘고 힘든 주부들, 살림 입문자들, 살림이 귀찮기도 하고 어려운 싱글들에게 도움이 되기를 바라는 마음으로 그동안 방송이나 블로그에서 전했던 내 노하우를 정리하였다. 이 책이 두껍다고 느껴지고 어려워 보이더라도 절대 그렇지 않다. 작은 것부터 실천해 보고 하나 둘 차근하게 해봐야지 하는 마음으로 동그라미를 치다 보면 우리 집에, 그리고 가족들에게 좋은 변화를 가져다줄 것이라 믿는다.

이렇게 작은 생각들을 엮어주시고 이끌어주신 성안당 식구들에게 감사하고, 책 쓴다고 바쁜 아내 이해해주고 많이 도와준 남편, 엄마 열심히 응원해준 아들에게 감사하다.
무엇보다 작은 나에게 큰 기회를 주신 하나님께 감사의 기도를 드린다.

NEW

CHAPTER 1

SPRING

목련이어도 좋고 벚꽃이어도 좋다.
조팝이어도 좋고 수국이어도 좋다.
봄이 되니
봄꽃 가득한 곳에서의 소풍이 기다려진다.

새로운 시작을 알리는 봄.
봄 햇살 닮은 살림이 하고 싶어진다.
봄맞이 대청소도 하고, 여기저기 새롭게 단장하고
싶은 마음으로 들뜨기 시작한다.

03
MARCH

부모님의 도움 없이 내 집을 처음 마련했을 때 마음이 얼마나 설레었던지,

모든 것을 내 손으로 직접 하고 싶었다.

힘든 줄도 몰랐고, 입주청소도 다른 사람 손에 맡기고 싶지 않았다.

온 가족이 총출동하여 나는 천장, 남편은 바닥, 동생은 붙박이장 청소를 시작하였다.

천장은 먼지가 없어 보였지만 막상 닦아보니 걸레에 MDF 합판 부스러기와 흙먼지가

새까맣게 묻어났고, 동생이 청소하고 있는 붙박이장에는 톱밥이 아직도 그대로 남아있었다.

그런데 가만 보니, 손 빠른 남편이 벌써 저만큼 바닥을 쓸고 간 자리에

나와 동생은 아까 말한 그것들을 모두 바닥으로 쏟아내고 있었다.

결국 우리는 두 번 청소해야 했다.

어떤 집안 살림보다도 청소는 순서가 중요하다.

청소의 기본 순서는 천장 → 벽 → 창과 난간 → 바닥 순이고,

밖에서 안으로 청소해야 날리는 먼지를 조금이나마 줄일 수 있다.

단, 미세먼지가 많아 문을 닫고 청소해야 한다면 안에서 밖으로 청소하는 것이 좋다.

역시 무슨 일이든 급할수록 정도正道를 지켜야 한다는 생각이 든다.

봄의 불청객,
미세먼지 · 황사 잘 가!

지긋지긋한 겨울을 빨리 떠나보내고
산뜻한 봄을 맞이하고 싶은데,
봄보다 희뿌연 미세먼지와 황사가 먼저 와서
겨울보다 더 문을 꽁꽁 걸어 잠그고 외출도 삼가게 된다.
우리 아이들에게
이런 봄을 물려줘서는 안 되는데 걱정이다.

예전에는 봄철 황사가 문제였다면, 요즘에는 사시사철 미세먼지가 더 큰 문제이다. 미세먼지는 여러 가지 오염 성분을 가지고 있어 오래 노출되면 각종 호흡기 질환이 발생하고 사망률까지 높아진다. 특히 심장질환자나 폐질환자, 아이와 노인, 임산부에게는 심각한 악영향을 준다. 심지어 건강한 성인도 높은 농도의 미세먼지에 노출되면 일시적으로 나쁜 증상들이 나타난다. 이런 심각성 때문에 요즘에는 미세먼지 청소법과 관련된 방송 요청이 많이 들어오고 있다. **예전과 다른 특별한 미세먼지 청소법이 필요하다.**

천장 청소

천장의 먼지나 오염은 눈에 잘 보이지 않아 몇 년 동안 청소를 안 하는 경우가 많다. 그러나 막상 천장을 닦아 보면 얼마나 더러운지 실감하게 될 것이다. 바닥의 먼지는 눈에 잘 보일 뿐만 아니라 하루만 안 닦아도 더럽다고 느낀다. 그렇게 생각해 보면 천장을 닦는다는 것은 전혀 놀라운 일이 아니다.

천장 청소에는 신문지와 알코올을 사용한다. 신문지는 얇고 가벼우며 흡수율이 좋고, 잉크 입자 때문에 먼지가 잘 엉켜서 편하게 청소할 수 있다. 함께 사용하는 알코올은 휘발성 때문에 빨리 날아가 버리니 벽지가 눅눅해질까 걱정하지 않아도 된다. 간혹 알코올 대신 소주를 사용하는데, 소주는 20%의 에탄올에 과당이나 다른 성분이 80%나 포함되어 있으므로 순수 에탄올이 75% 이상 함유된 소독용 에탄올을 사용하는 것이 청소에 더 효과적이다.

실제로 천장이나 벽까지 청소할 때가 바닥만 청소할 때보다 먼지가 두 배 이상 줄었다. 꼭 주기적으로 천장을 청소해 주자.

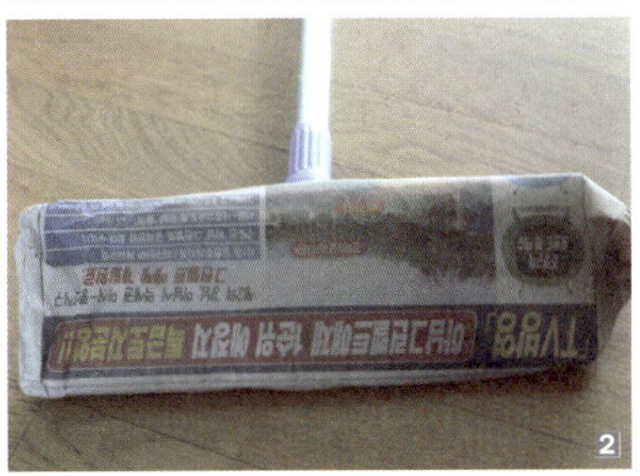

how to

1 높은 천장은 밀대를 사용해서 닦으면 좋다. 긴 밀대에 신문지를 둘러싼다.

2 신문지 위에 스타킹을 씌워 밀대에 신문지를 고정시킨다.

3 완성한 밀대를 이용해 구석구석 천장의 먼지를 제거한다.

4 마른 수건에 알코올을 뿌리고 천장을 다시 한번 닦아 소독한다.

벽 청소

벽도 천장과 같은 방법으로 미세먼지를 제거할 수 있고, 벽에 있는 낙서도 빨리 발견만 한다면 손쉽게 지울 수 있다. 합지벽지인 경우에는 벽지가 일어날 수 있어 조심해야 하지만, 실크벽지라면 물걸레질이 가능하고 벽지가 잘 일어나지도 않으니 걱정하지 않아도 된다. 장마철 습한 날씨 때문에 벽지나 장판이 표면에서 뜨면 잠깐 난방을 하는 것도 좋다.

벽 기본 청소법

베이킹소다수를 뿌린 스펀지로 더러워진 벽 부분을 문지르고, 구연산수를 뿌린 걸레로 두드리듯이 더러움을 제거한다. 마지막에 마른걸레로 벽의 물기를 닦아낸다.

벽 오염 제거법

벽에 묻은 크레파스나 사인펜 자국은 연마작용이 뛰어난 치약을 묻힌 천으로 닦아낸다. 기름때에는 밀가루가 좋지만, 벽에 기름때가 묻었을 때는 밀가루보다 식빵조각으로 문질러야 더 잘 지워진다.

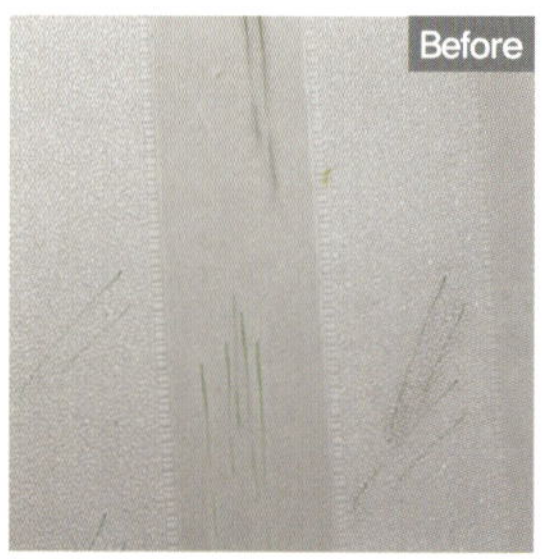

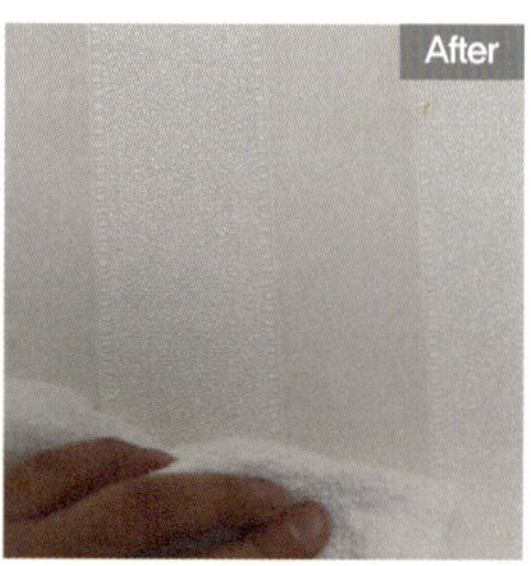

벽에 곰팡이가 생겼을 때

타일이나 실리콘에 생긴 곰팡이는 쉽게 제거되지 않
는다. 그래서 타일이나 실리콘을 교체하는 것이 좋지
만, 벽에 핀 곰팡이, 먼지 등은 천이나 스펀지에 천연
생강 살균제를 묻혀서 손쉽게 제거할 수 있다.

1 천연 생강 살균제를 골고루 뿌린다.

2 솔로 곰팡이를 닦아낸다.

3 깨끗한 걸레나 못 쓰는 양말에 물을 묻혀 한 번 더 벽을 닦아낸다.

4 평소에 자주 환기를 시킨다.

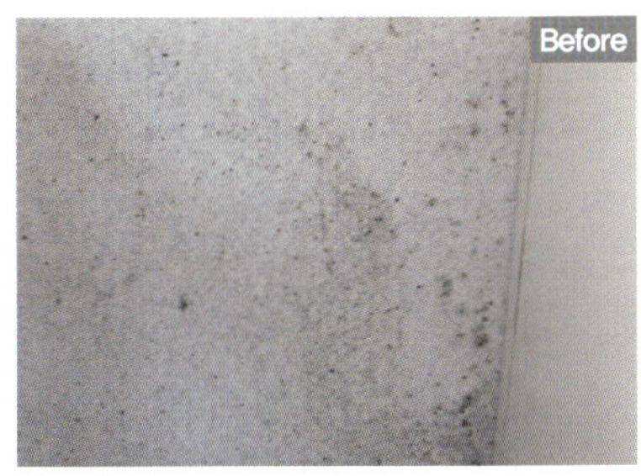

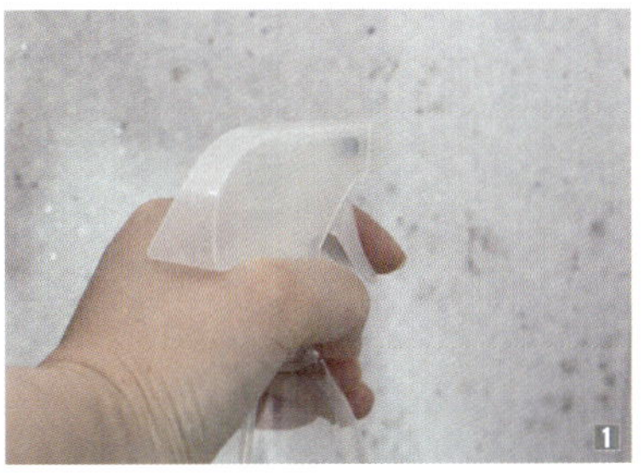

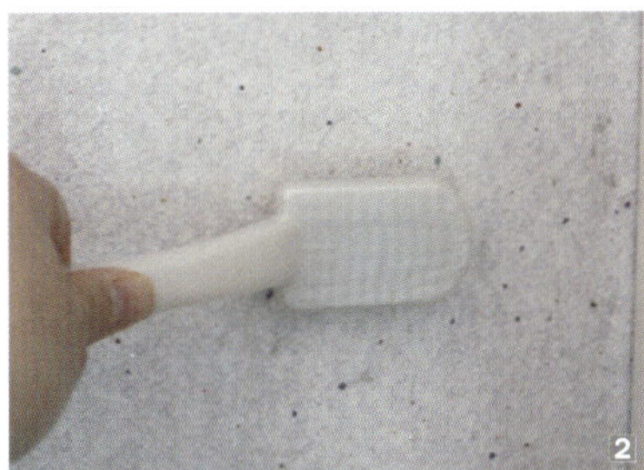

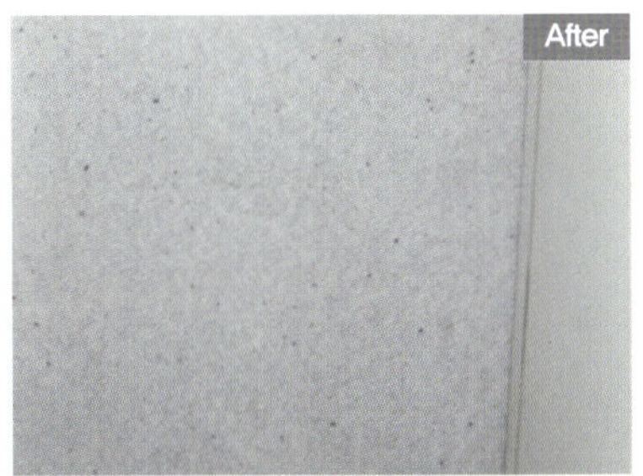

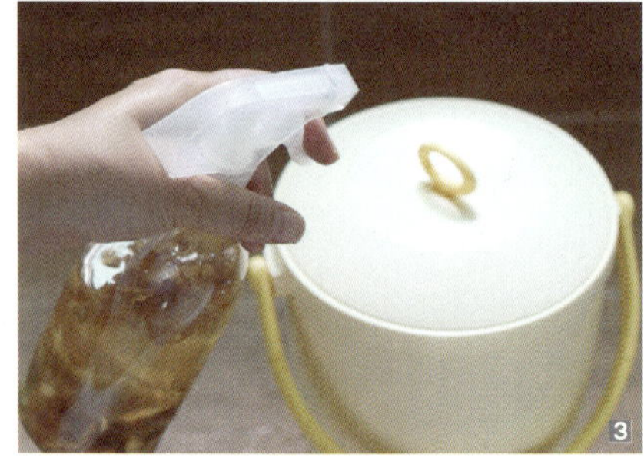

천연 생강 살균제

`how to`

1 생강껍질을 듬성듬성 잘라낸다.

2 약국에서 판매하는 800mL 알코올(소독용 에탄올) 한 통을 잘라낸 생강껍질에 붓는다.

3 2주간 숙성시킨 후 알코올과 물을 8:2 비율로 희석해서 사용한다.

■ 천연 생강 살균제 사용하기 좋은 곳

• 매트리스 진드기 살균

계피 스프레이는 살균 효과가 좋지만, 계피의 진한 색이 매트리스에 이염될 수 있으므로 주의해야 한다. 그래서 색이 없고 진드기 살균 효과까지 있는 천연 생강 살균제를 매트리스에 사용하면 좋다.

• 음식물 쓰레기통 살균

음식물 쓰레기통은 냄새가 심하고 세균 번식도 쉬워 자주 씻어야 한다. 만약 이것이 어렵다면 천연 생강 살균제를 뿌려보자. 이렇게 하면 여름철에도 날파리가 덜 생긴다.

• 냉장고 소독

냉장고 청소를 게을리하면, 변기보다 더 많은 세균이 발생할 수 있다. 하지만 천연 생강 살균제로 냉장고를 청소하면 소독 효과도 있어 좋다.

벽 공간 활용

벽이라는 수직의 공간을 잘 활용하면, 장식뿐만 아니라 수납공간으로도 매우 유용하다.

■ 옷걸이 도어 훅 설치하기

옷걸이 도어 훅은 문의 위쪽에 걸치는 훅으로, 여러 벌의 옷을 걸어놓을 수 있다. 안방 화장실이나 드레스룸에 도어 훅을 설치한 후 그날 입은 옷을 옷장에 바로 넣지 않고 걸어두면 냄새나 먼지를 털어낼 수 있다. 그리고 서재에 도어 훅을 설치하면 손님이 왔을 때 외투나 가방을 걸어둘 수 있어서 매우 유용하다. 소파 위나 바닥 위에 옷을 아무렇게나 걸쳐놓지 않아도 되어 깔끔하고, 손님의 옷을 조심스럽게 다루는 좋은 인상을 준다. 또한 봉행거를 벽에 낮게 설치하면 아이 스스로 옷이나 가방을 정리할 수 있다.

■ 벽에 선반 달기

벽에 선반을 달면 공간을 다양하고 유용하게 활용할 수 있다. 거실이나 주방에 있는 선반은 인테리어적 요소가 돋보이고, 베란다에 설치된 선반은 수납의 성격이 강하다. 우리 집은 베란다 곳곳에 선반을 설치하고 도어를 달아 수납공간을 확보하였다. 이렇게 창고가 많아지면 밖으로 나오는 자질구레한 짐이 없어져서 깔끔하게 정리되어 보인다. 방 안 선반에는 책의 표지가 보이게 하여 전면 책장으로 활용하면, 책을 전시한 느낌 때문에 호기심을 유발할 수 있다.

■ 작품 전시대 걸기

벽에 아이의 그림이나 만든 작품을 전시하면 아이의 자존감을 높일 수 있다. 그림은 가벼운 액자를 이용해 전시하거나 블랙 우드락 위에 그림을 붙이면 고급스러운 액자 효과를 낼 수 있다. 다양한 색상의 마스킹 테이프로도 그림을 아기자기하게 붙일 수 있고, 실핀을 ㄱ자로 구부려서 벽지 위에 꽂은 후 가벼운 액자나 작품을 걸 수도 있다.

유리창 청소

유리창은 우선 마른걸레로 먼지를 닦아낸 후 창문 전체에 구연산수를 뿌리고 마른걸레로 물기를 닦는다. 이때 유리창 세정제보다 천연재료인 구연산수를 사용하면 좋은데, 구연산수는 욕실 유리 부스 같은 유리창 청소에 매우 유용하다.

유리창에 붙은 스티커는 유통기한이 지난 선크림을 발라두고 10분 정도 후에 닦아내면 쉽게 떼어진다.

tip

유리창을 청소할 때 안쪽은 가로 방향으로, 바깥쪽은 세로 방향으로 닦으면 한층 더 깨끗하고 투명해진다.

창·새시 청소

미세먼지가 심할 때는 창이 쉽게 지저분해진다. 그리고 창문을 열어놓으면 오히려 방충망에 끼어 있던 먼지가 안으로 날아 들어올 수 있다. **먼지가 제일 먼저 들어오는 창 청소는 특히 신경 써야 한다.**

아파트의 이중창은 청소가 힘들지만, 단창인 경우는 해 볼 만하다. 창문은 새시와 창유리, 방충망, 난간으로 구성되어 있으므로 깨끗한 창에 먼지가 묻지 않도록 방충망부터 청소한다. 창문을 청소하면 창틀로 물이 조금씩 떨어지기 때문에 방충망 청소가 끝나면 창유리를 닦고, 그다음에는 난간을, 그리고 물이 떨어진 창틀을 마지막에 닦는다.

how to

1 방충망을 청소할 때는 먼지가 날리기 때문에 바닥에 미리 비닐이나 신문지를 깔아두거나 선풍기를 틀어 먼지가 밖으로 나가게 한다.

2 진공청소기로 방충망을 훑어 큰 먼지를 제거한다.

3 베이킹소다와 주방 세제를 1:1 비율로 섞고 이것을 묻힌 물티슈를 방충망에 붙인다. 이때 신문지를 사용하면 방충망에서 쉽게 떨어지거나 신문지 찌꺼기가 틈새에 낄 수 있으므로 물티슈를 사용하는 것이 좋다.

4 스프레이통에 식초를 담아 방충망에 붙어 있는 물티슈에 뿌려준다. 그러면 이산화탄소가 발생하면서 찌든 때가 잘 벗겨진다.

5 먼지가 잘 빠져나오도록 물티슈로 원을 그리면서 방충망을 닦아주면 깨끗하게 잘 닦인다.

6 방충망의 찌든 때를 불렸던 물티슈와 걸레로 창틀을 구석구석 닦아준다.

7 물걸레로 방충망을 한 번 더 깨끗하게 닦는다.

1

2

3

4

5

6

7

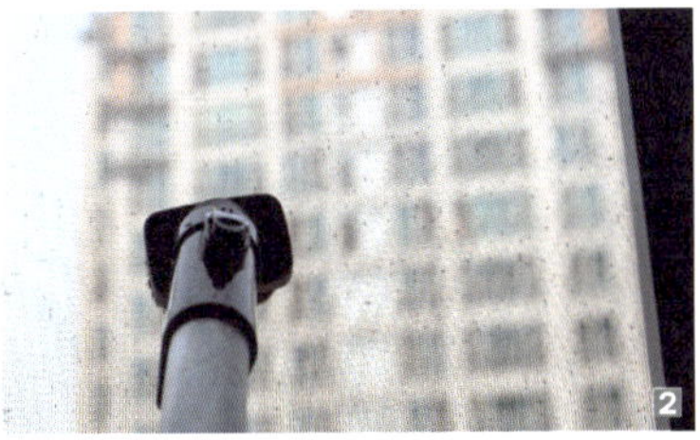

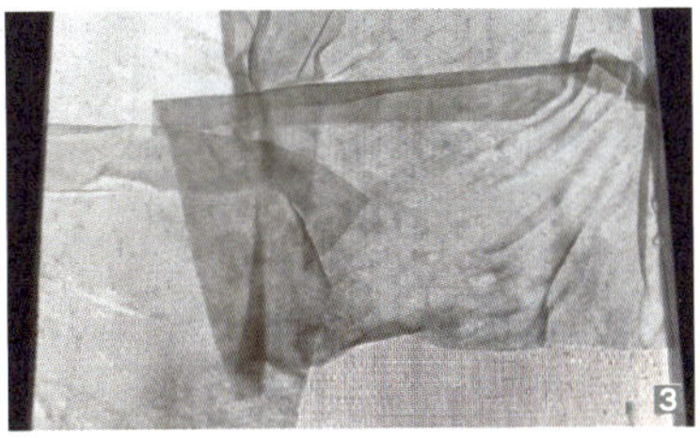

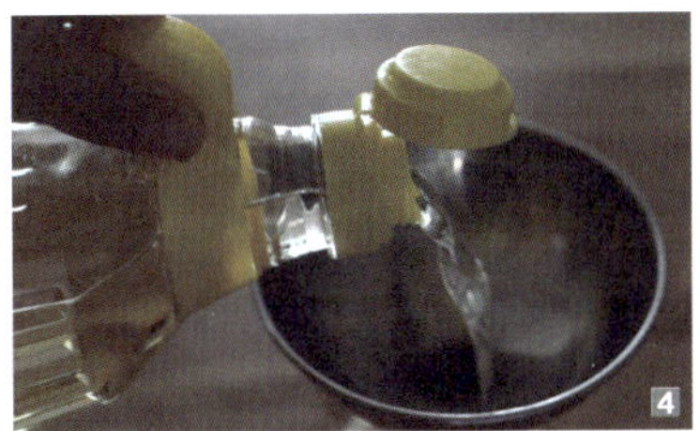

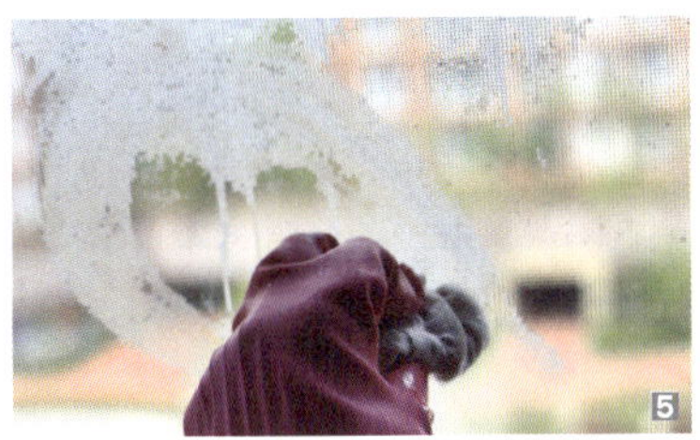

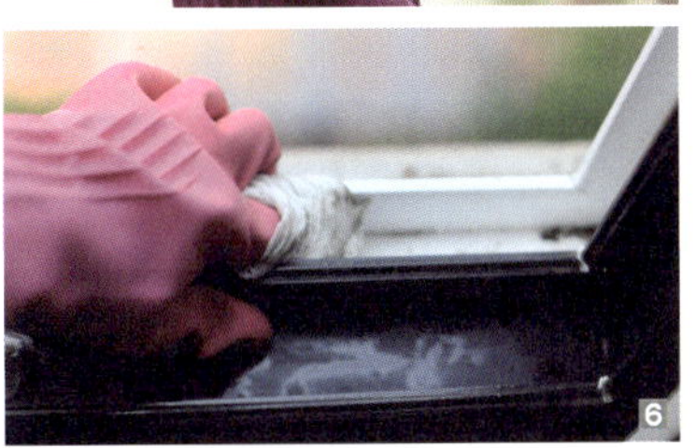

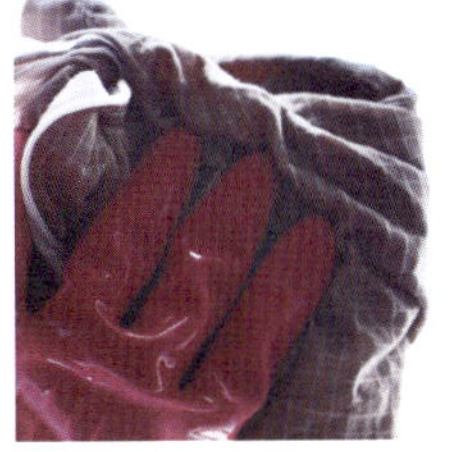

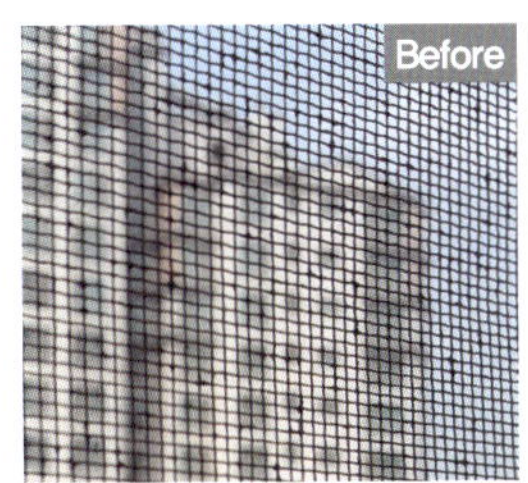

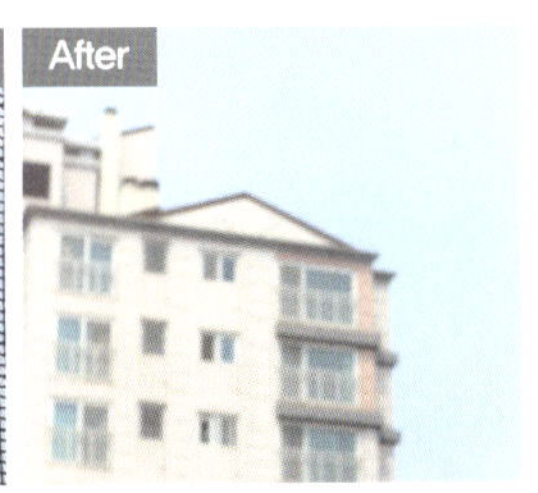

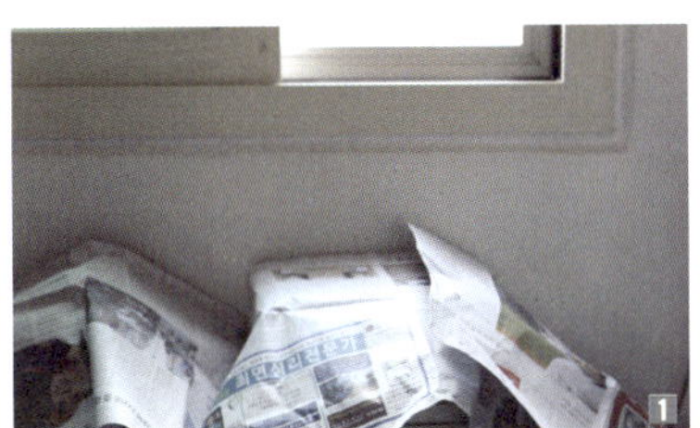

tip 진공청소기로 방충망 청소하기

진공청소기의 헤드를 창틀 청소용 브러시로 바꿔 방충망을 청소한다. 헤드로 방충망을 너무 누르면 방충망이 바깥쪽으로 빠질 수 있으므로 물걸레로 남은 먼지를 조심스럽게 닦아준다.

난간 청소

난간에 이불이나 빨래를 너는 이웃을 종종 보게 된다. 아주 위험하다는 생각도 들고, 난간은 깨끗한지 궁금하기도 하다. 비 온 후에는 난간의 먼지가 불어 세제 없이 청소하기가 매우 좋으므로 비 온 다음 날 간단하게 목장갑으로 난간을 청소한다. **오래 묶은 먼지는 주방 세제를 사용하면 잘 닦인다.**

how to

1 고무장갑 위에 목장갑을 끼고 대야에 세제를 풀어 장갑에 묻힌 후 물이 떨어지지 않게 꼭 짠다.

2 목장갑을 낀 손으로 난간 전체를 꼼꼼히 걸레로 닦듯이 닦아준다.

3 마른걸레로 한 번 더 난간을 닦아준다.

섀시 청소

섀시 틀의 먼지가 집 안으로 날아들어 오기 쉬우니
섀시를 자주 닦아주는 것이 좋다. 난간과 마찬가지로
섀시도 비 온 다음 날 청소하기 좋다.

how to

1. 청소할 때 바람이 안으로 들어오면 청소하는 사람
   이 먼지를 다 마시게 된다. 선풍기를 틀어 바람이 안
   쪽에서 바깥쪽으로 나가게 하여 먼지를 내보낸다.
2. 오래되어 굳은 먼지는 솔로 먼저 쓸어서 섀시 틀의
   가운데로 모아준다.
3. 청소기 입구 노즐을 창틀용으로 교체하고 먼지를
   빨아들인다.
4. 베이킹소다와 주방 세제를 1:1 비율로 섞은 후 물
   티슈에 묻히고 창틀을 전체적으로 닦는다. 먼지가
   잘 안 떨어지는 모서리 부분에는 물티슈 자체를 붙
   여서 때를 불리고, 틈이 좁은 경우에는 젓가락을 이
   용해서 닦는다.
5. 깨끗한 걸레나 양말 또는 안 입는 옷으로 깨끗하게
   한 번 더 섀시를 닦아 청소를 마무리한다.

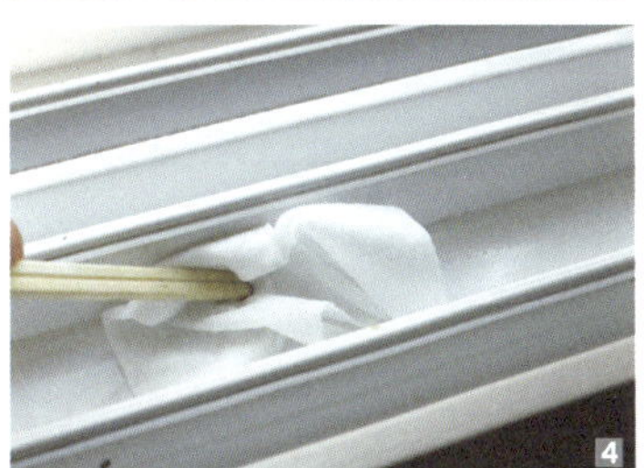

바닥 청소

일반적으로 청소기를 먼저 돌리고 물걸레질을 하지만, 미세먼지가 많은 날에는 바닥 먼지가 날리지 않도록 반드시 먼저 물걸레 청소를 해야 한다. **이때 분무기로 물을 먼저 뿌리고 물걸레로 닦으면, 미세먼지가 물방울에 흡착되면서 제거되기 때문에 더욱 효과적이다.** 부득이하게 청소기가 필요한 경우에는 미세먼지를 방출하지 않는 제품을 사용하는 것이 좋다.

실내 마룻바닥

일반 수돗물을 분무해서 닦아도 먼지를 충분히 없앨 수 있지만, 원목 마루에 좀 더 광택을 내고 싶다면 오렌지오일을 이용해 보자. 오렌지오일은 천연광택제로, 원목 가구 광택제로도 효과가 좋고, 산성이어서 소독뿐만 아니라 알칼리성 때도 중화시켜서 벗겨낼 수 있다.

분무기통에 물 200mL를 채우고 오일 10방울 정도 떨어뜨린 후 물과 오일이 잘 섞이도록 여러 번 흔들면 오렌지오일이 완성된다. 오렌지 오일은 비누 DIY 재료를 파는 곳에서도 구매할 수 있다.

tip 마루에 묻은 사인펜 얼룩 지우기

아이들이 가끔 사인펜으로 장판이나 마룻바닥에 낙서를 하는데, 이때는 알코올을 사용해 쉽게 지울 수 있다. 알코올을 뿌려 사인펜 성분이 녹아내리면 마른 수건으로 닦아 말끔하게 지운다.

현관 바닥

미세먼지가 제일 먼저 들어오는 곳은 현관이다. 현관 바닥에는 신발에 묻은 먼지가 고스란히 남아있다. 현관이 지저분하면 손님이 방문했을 때 좋지 못한 첫인상을 주기 쉽다.

구연산수는 소독 효과가 있어서 청소뿐만 아니라 먼지와 세균까지 잡아주어 효과적이다. 구연산수를 신문지 위에 뿌리는 것보다 바닥에 먼저 뿌려야 바닥의 때를 불리기 쉽다.

미세먼지 청소

책 먼지

오래된 책에 쌓인 먼지는 특히 기관지에 좋지 않다. 책은 위에 커버가 없어서 사이사이에 먼지가 끼기 쉽고, 물걸레로 청소하면 책이 더러워질 수 있어서 청소가 까다롭기 때문에 먼지가 쌓이지 않게 미리 방지하는 것이 좋다.

장소가 좁아서 책을 베란다에 두는 사람들도 많지만, 베란다는 책을 보관하기에 좋지 않은 장소이다. 방보다 습기나 먼지에 취약한 곳이고, 직사광선이 많이 들어와서 책의 윗면이 변색되기 쉽기 때문이다. 책 먼지는 고무장갑 위에 목장갑을 끼고, 그 위에 다시 스타킹을 씌운 다음에 스타킹으로 걸레질하듯이 책 먼지를 닦아내면 된다.

냉장고 먼지

냉장고 몸체의 위쪽뿐만 아니라 매일 여닫는 도어 위에도 의외로 먼지가 수북하다. 청소기로 가볍게 날려서 먼지를 먼저 제거하고, 주방 세제와 베이킹소다를 1:1 비율로 섞은 세제를 걸레에 묻혀 냉장고 먼지를 닦아준다. 마른걸레로 다시 한번 냉장고를 닦아서 청소를 마무리한다.

가전제품 먼지

TV와 컴퓨터 모니터 같은 가전은 정전기를 발생시키기 때문에 더 쉽게 먼지가 붙는데, 이때는 린스나 섬유유연제를 사용하면 된다. **걸레에서 잔털이 떨어지는 경우가 있으므로 가급적 극세사 걸레를 사용한다.** 린스를 극세사 걸레에 한 번 꾸욱 눌러 짜고 걸레를 맞대어 린스를 묻힌 후 가전제품을 골고루 문지르면 린스가 뭉치지 않아 청소하기가 쉽다. 이 걸레로 모니터를 닦으면 마른걸레로 닦을 때보다 정전기 방지 효과가 훨씬 커서 청소 횟수도 줄일 수 있다.

미세먼지를 없애주는 공기정화 식물을 이용해 청결을 유지할 수 있다. 스투키나 고무나무, 틸란드시아 등을 집 안 곳곳에 배치하여 미세먼지를 없애고 산뜻한 기분까지 낼 수 있다.

옷 먼지

외출 후에는 옷에 미세먼지가 잔뜩 묻어있기 때문에 옷장에 옷을 넣지 말고 바로 세탁하는 것이 좋다. 만약 세탁하기 어렵다면 고무장갑을 이용해서 먼지를 제거한다. 옷에 묻은 먼지는 고무장갑을 끼고 물을 약간 묻힌 뒤 위에서 아래, 한 방향으로 쓸어내리면 쉽게 없앨 수 있다. 이와 같은 방법으로 카펫, 패브릭 소파, 극세사 이불 등 패브릭 제품의 먼지도 털어낼 수 있다.

스웨이드 소재의 코트나 구두 먼지는 진공청소기로 빨아들이면 쉽게 제거되고, 털도 세워져서 보기 좋다. 미세먼지가 특히 심한 날에는 스팀다리미에 소금을 한 스푼 넣고 옷을 다리면 소독 효과도 볼 수 있다.

조명기구 먼지

조명갓은 조명 열 때문에 미세먼지가 눌어붙기 쉽다. 조명갓에 키친타월을 덮은 뒤 주방 세제를 스프레이로 뿌리고 10~20분 정도 불려 닦아낸다.

조화 먼지

조화는 한 잎 한 잎 닦기가 매우 어렵다. 이 경우에는 먼지가 많이 낀 조화를 비닐봉지에 넣고, 비닐에 굵은 소금을 한 줌 넣어 잘 흔들어주기만 해도 소금이 시커멓게 변할 정도로 조화에서 먼지가 많이 묻어나온다.

장식장 먼지

예쁜 그릇이나 인테리어 소품이 많이 진열된 장식장
의 경우 소품을 일일이 들어 먼지를 털어내기가 매우
번거롭다. 하지만 타조털이개가 있으면 쉽게 청소할
수 있다. 타조털은 먼지 흡착력이 뛰어나서 구석구석
먼지를 잘 털어낼 뿐만 아니라 그 자체만으로도 엔틱
한 느낌이 들어 보기에도 멋스럽다. 타조털이개를 이
용해 동글동글 굴리는 느낌으로 먼지를 흡착하고 창
밖에 털어낸다. 먼지털이개는 두세 달에 한 번씩 샴푸
를 푼 찬물에 살살 흔들어 세탁한 후 그늘에서 건조시
키면 깨끗하게 사용할 수 있다.

싱그러운 자연을 담은
보태니컬 프린트 액자

벽에 인테리어 포인트를 줄 때 가장 많이 쓰이는 방법이 액자를 거는 것이다.
거실과 같은 넓은 면적은 좀 더 큰 액자를 걸고 싶지만, 액자 크기가 커질
수록 가격이 꽤 비싸다. 요즘 유행하는 보태니컬 액자를 직접 만들어 보자.

타이포그래피 액자

심플한 타이포그래피 액자가 멋스럽다. 잡지를 보면 멋진 타이포그래피를 많이 볼 수 있다. 그런데 한 글자만 쓰여 있는데도 왜 그리 비싼지 모르겠다. 내가 좋아하는 문구나 단어가 적힌 잡지를 한 장 툭 찢어서 액자 안에 넣어도 시크한 인테리어가 완성된다.

준비물 액자(다이소)

보태니컬 액자

이국적인 느낌을 주는 몬스테라 잎이나 아레카야자 잎으로 꾸민 인테리어가 인기이다. 양재동 화훼센터에서 조화 몇 장을 사서 화병에 담아보기도 하고 액자도 만들었는데, 만드는 방법이 아주 쉽다. 그림보다는 약간 두께감이 있는 조화이기 때문에 너무 딱딱한 유리 액자보다 아크릴 액자가 덜 단단하고 내부 공간이 살짝 여유가 있어 좋다. 이케아 피스크보 액자가 아크릴이면서 저렴해서 사용했는데, 이 제품은 배경지가 없어서 흰색 배경지로 쓸 도화지도 함께 구매했다. 액자 안에 조화를 잘 배치해서 넣기만 하면 멋지게 완성된다. 몬스테라는 줄기를 떼어내어 배치했고, 아레카야자는 아랫부분에 줄기와 줄기의 잎까지 살려서 단조롭지 않게 배치했다. 이렇게 만든 액자는 무게가 가벼워서 벽에 못을 박지 않고도 흔적이 남지 않는 꼭꼬핀을 이용해서 걸 수 있어 좋다.

준비물 몬스테라 잎, 아레카야자 잎, 이케아 피스크보 액자(40×50cm), 도화지

대리석 액자

대리석 트레이나 테이블이 많은 사랑을 받고 있어 액자로도 만들어 보았다. 비앙코 무늬의 인테리어 필름지와 50×70cm 사이즈의 액자 두 개를 사용했다. 대형 사이즈 액자는 액자만으로도 비싼 편이지만, 큰 것 한 개보다는 두 개를 나란히 배치해서 볼륨감을 나타낼 수도 있다. 대리석 필름지는 근처의 인테리어 필름지 판매처에서 구매했고, 무광에 흰색 배경이 깔끔한 삼성 인테리어 필름지 425번을 사용했다. 필름지를 액자 크기대로 자르고 뒷면은 떼지 않았다. 대리석 필름지는 민감한 편이어서 공기나 먼지가 들어가면 볼록볼록 튀어나오기 때문에 붙여진 그대로 사용했다. 글씨는 레터링을 사용할 수 있고, 검은색 무지 인테리어 필름지에 원하는 글자를 써서 붙이면 된다.

준비물 대리석 인테리어 필름지(50cm), 검은색 무지 인테리어 필름지(50cm), 이케아 피스크보 액자(50×70cm)

생기를 불어넣는
인테리어 소품, 꽃

**집에 꽃이 가득 꽂혀있는 큰 꽃병을 놓아두면 화사하고 밝은 느낌이 들어
살고 있는 사람의 기운을 높여준다.**

집 안에 산수유 가지 한 아름, 조팝 한 아름을 꽂아본 사람이라면 돈을 적게 들이고도 얼
마든지 호사스러움을 누릴 수 있다는 것을 알 것이다. 계절을 집 안으로 들이고 꽃을 꽂는
여유로움 속에서 마음이 충만해지는 것을 느낄 수 있다. 요즘은 좀 나아졌지만, 집 근처 꽃
가게에는 많이 팔리는 장미들만 가득하고 가격도 비싼 경우가 많다. 하지만 조금 시간을
내어 꽃시장에 가보면 아주 저렴한 가격으로 흔하지 않은 꽃들을 구입할 수 있다. 큰 병에
꽃을 꽂으면 내 기분뿐만 아니라 그것을 바라보는 우리 가족의 기분도 좋아질 것이다. 한
번 꽃시장에 나가 마음에 드는 꽃을 직접 찾아보고 구입해 보자.

**꽃이나 풍경을 담은 그림은 어느 방향에 걸어도 좋은 기운을 불러
온다. 반면 형체를 알기 힘든 추상화는 행운과는 거리가 멀다.**

꽃이나 풍경화는 대체로 사람의 마음을 안정되고 편안하게 하지만, 추상
화는 화가의 메시지에 따라서 그림의 느낌이 전혀 다르다. 추상화라고 해
도 강한 에너지와 활기찬 느낌을 준다면 집 안 인테리어용으로 좋다. 하
지만 복잡한 감정과 슬픔, 해석하기 난해해서 마음을 어지럽게 하는 그
림은 보고 접하면서 내 감정에 영향을 주기 때문에 집 안에는 두지 않는
것이 좋다.

**붉은색의 꽃 사진이나 그림을 걸면 애정운, 숲의 그림과 사진은
건강운, 도시의 사진과 그림은 사업운을 높인다.**

바라는 것을 문구로 만든 급훈이나 가훈은 볼 때마다 그 마음을 다지기 위
해 잘 보이는 곳에 걸어둔다. 그림도 마찬가지이다. 좋아하고 원하는 그
림이 벽에 붙어 있어 매일 보게 되면 암시적으로 그것에 더욱 힘쓰거나
에너지를 받게 된다.

사업을 하거나 중요한 직책을 맡고 있는 사람은 노란색 배경의 사진이나
그림을 걸어두면 좋다고 한다. 금을 연상시키는 노란색이어서 그런 것 같
다. 풍수적으로 노란색은 대체로 금전운을 높인다.

하지만 운을 높이는 데 좋다고 해서 너무 많은 그림과 사진을 걸어두면 오
히려 정서적으로 불안을 느낄 수 있으니 심플하게 1~2개만 걸도록 한다.

04
APRIL

봄이 되었다.

벚나무와 조팝나무, 진달래, 아기 사과나무꽃이 사방에 피어 완연한 봄기운을 느낄 수 있다.

아직 아침저녁으로 쌀쌀하지만, 한낮은 덥기 때문에 어서 빨리 겨울옷을 정리하고,

산뜻한 봄옷을 꺼내 입고 싶어진다.

우리 집은 신혼 때부터 키큰장이나 붙박이장을 구매한 적이 없다.

지금 아파트 시공 때 설치된 8자 정도의 붙박이장에 세 가족의 옷과 이불이 모두 들어있다.

주변 사람들이 다들 그 많은 옷을 다 어디에 두었냐고 물어보면,

"내가 워낙 알뜰해서 옷 안 사잖아요~"라고 얼버무리고 제대로 말한 적은 없다.

사실 특별한 노하우가 있는 것은 아니다.

기본적으로 옷장이 잘 정리되어 있고, 그 계절에 입지 않는 옷은 정리해서 베란다에 보관한다.

옷장처럼 부피가 크고 집에 딱 맞춘 붙박이장을 구매할 때는 여러 번 깊이 생각해야 한다.

붙박이장 때문에 집이 좁아질 수 있고, 다음 이사하는 집에 맞지 않아 애물단지로 전락할 수 있기 때문이다.

봄! 봄! 봄!
봄맞이,
옷장 정리

페이스북의 CEO 마크 저커버그처럼

회색 티셔츠 9장, 짙은 회색 후드티 6장이

가진 옷 전부라면 옷장을 정리할 필요가 없어서 행복할까?

나는 옷을 고르고 입는 즐거움도,

계절마다 친구와 쇼핑몰을 누비는 즐거움도

포기하지 못할 인생의 즐거움이라고 생각하기 때문에

옷장에는 늘 옷이 가득하다.

하지만 막상 입으려면

입을 만한 옷이 없다는 것이 함정이다.

안 입는 옷 버리기

옷장을 정리하기 전에 정리할 공간을 마련하는 것이 가장 기본이다. 공간이 충분하다면 다행이지만, 부족하다면 먼저 옷장 안에서 안 입는 옷부터 골라내야 한다. 옷장에는 추억이 남아 있는 옷, 살 빼서 입을 옷, 유행은 지났지만 새 옷 같아 버리기 아까운 옷들이 많을 것이다. 하지만 2년이 넘도록 입지 않는 옷은 앞으로도 입지 않을 가능성이 크므로 과감하게 버려야 한다. 정말 버리기 아깝다면 옷을 기부하거나 판매하는 것도 좋다.

tip 헌 옷 기부 & 판매

기부하기

이제는 많이 알고 있고, 주변에서 자주 볼 수 있는 '아름다운가게'. 홈페이지(www.beautifulstore.org)를 방문하거나 전화(1577-1113)로 신청하여 헌 옷을 기부하면, 기부영수증 처리가 가능해서 세금공제 혜택까지 받을 수 있다.

판매하기

헌 옷을 구매하는 업체가 많이 늘어나서 장당 또는 무게로 측정하여 매입하고 있다. 인터넷에서 '헌 옷 판매'라고 검색하면 수많은 수거 업체들이 나오는데, 전화로 미리 일정을 잡고 판매할 수 있다. 옷뿐만 아니라 신발, 고철, 스테인리스도 취급하므로 미리 판매 가능 물품을 상담해 한꺼번에 판매하는 것이 좋다. 대신 큰돈벌이가 되는 것은 아니고 간식 사서 먹을 수 있는 정도이다.

옷 정리·정돈하기

옷 정리하기

사계절 옷을 옷걸이에 모두 걸어놓을 필요는 없다. 입지 않는 옷은 박스에 넣어서 창고에 보관하고 지금 계절이 아닌 옷은 리빙박스에 넣어 베란다에 보관한다. 이때 습기가 차지 않도록 옷 사이사이에 신문지를 넣거나 실리카겔을 함께 넣어준다. 또한 가족별, 용품별로 옷을 구별하고 라벨을 붙여 정리해서 보관하면, 옷을 찾기도 쉽고 다음 계절에 정리하기도 쉽다.

옷 분류하기

지금 계절에 입을 옷 중에서 걸어두면 좋은 옷과 수납
장 안에 접어 넣을 옷으로 나눈다. 그리고 옷 소재에
따라 형태를 잘 유지하기 위해 걸어둘 옷과 접을 옷으
로 나눈다. 구김이 잘 가고 접기 불편한 실크 블라우
스는 걸어두고, 면 티는 접어서 보관하는 것이 좋다.
옷걸이에 옷을 걸어둘 때는 입는 빈도가 낮고 길이가
길수록 오른쪽에 배치한다. 즉 스커트 → 바지 → 블라
우스 → 재킷 → 원피스 → 코트 순으로 정리하면 공간
활용도가 더욱 높아진다.

■ 걸어두면 좋은 옷

• 셔츠, 블라우스와 같이 주름지기 쉬운 옷

• 정장 재킷이나 블레이저 코트와 같이 형태를 그대
  로 살려야 하는 옷

• 주름 잡힌 바지나 플리츠 스커트와 같은 수직 라인
  이 있는 옷

• 아웃도어 재킷이나 오버코트

■ 접어두면 좋은 옷

• 미끄러지기 쉬운 소재의 스카프나 숄

• 무게 때문에 늘어질 수 있는 니트류, 카디건, 풀오버

• 옷걸이의 공간이 적을 경우 주름 걱정이 덜 한 캐주
  얼한 면 티셔츠, 청바지

옷장 안 공간 구분하기

■ **가족별로 따로 분류**

아이 옷은 키 높이에 맞춰 낮은 곳에, 어른 옷은 동선에 맞춰 공간에 나눈다. 우리 집은 옷장 가운데를 기준으로 왼쪽에는 남편 옷을, 오른쪽에는 내 옷을 정리했다. 와이셔츠와 상의는 색깔별로 구분해 걸고, 원피스처럼 기장이 긴 의상은 옷장의 가장 오른쪽 공간을 활용해서 구김이 가지 않게 보관한다.

■ **속옷과 양말은 따로 분류**

속옷과 양말은 따로 분류하고, 개인별로도 나누어 정리한 후 시스템박스에 넣어 옷걸이 하부의 남는 공간에 보관하는 것이 좋다.

■ **소품이나 액세서리는 아이템별로 분류**

벨트나 머플러, 넥타이 등 소품을 정리할 때는 옷장의 문이나 벽면을 최대한 활용한다.

좁은 옷장을 넓게 쓰는 수납법

■ 얇은 옷걸이를 사용해 낭비되는 공간을 줄인다.
어떤 옷걸이를 사용하느냐에 따라 수납의 양이 달라진다. 따라서 양복걸이처럼 부피를 많이 차지하는 걸이에 셔츠를 걸어 수납하지 않아야 하고, 요즘에 많이 판매되는 얇은 논슬립 옷걸이로 교체한다.

■ 같은 방향으로 옷을 건다.
옷걸이에 옷을 걸어 봉에 매달 때 같은 방향으로 걸면 더 많이 걸 수 있고, 옷을 넣고 뺄 때도 엉키지 않아 좋다.

■ 옷은 키 순서대로 건다.
옷을 키 순서대로 걸면 훨씬 정돈되어 보일 뿐만 아니라 짧은 옷을 건 아랫부분에 다른 수납도 가능하다.

■ 색상별로 분류한다.
색상이 밝은 옷은 왼쪽에, 어두운 옷은 오른쪽에 정리해야 시각적으로 훨씬 더 깔끔해 보인다.

■ 수납상자로 빈 공간을 효과적으로 활용한다.
셔츠나 재킷을 건 아랫부분은 빈 공간으로 남기 쉬우므로 이곳에 수납상자나 바구니를 놓아 공간을 적극 활용한다. 옷이나 속옷 등을 넣는 수납상자는 서랍 형태여야 꺼내 쓰기 편하다. 가방이나 모자 등도 바구니를 이용하면 편리한데, 여러 개의 바구니나 수납상자를 사용할 때는 한곳에 같은 종류를 수납한다.

■ 종류별로 모아서 정리한다.
셔츠는 셔츠끼리, 핸드백은 핸드백끼리, 벨트는 벨트끼리 같은 종류를 한곳에 몰아 수납해야 정돈되어 보이고 찾기도 쉽다. 자주 활용하지 않는 무거운 이불과 베개, 계절 의류는 옷장의 하단에, 모자나 머플러 등 가볍고 자주 활용하지 않는 아이템은 옷장의 상단에 보관한다.

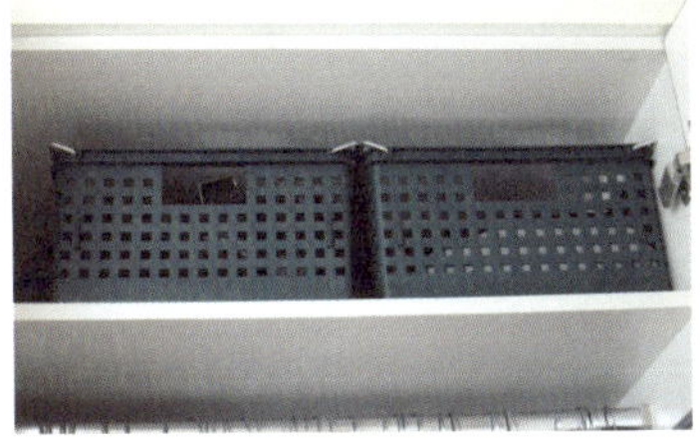
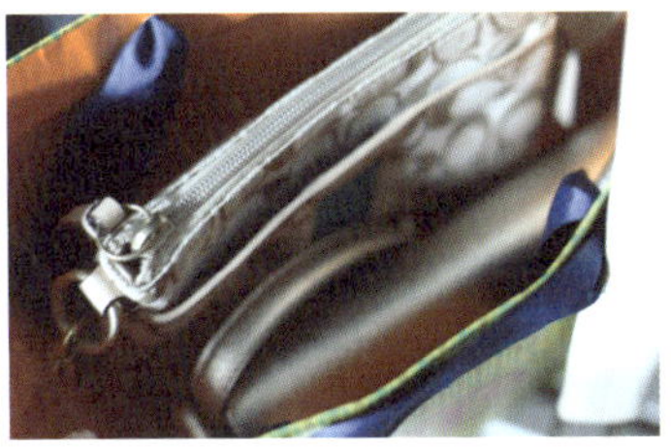

단정하게 옷 접는 법

가구를 배치하거나 공간 활용에 가장 좋은 형태는 사각형이다. 의류도 마찬가지이다. **티셔츠, 바지, 속옷, 양말 등 모양은 다양하지만, 일정한 크기의 사각형 모양으로 접어야 수납공간을 최대한 확보할 수 있다.** 마지막 접을 때 옷을 안쪽으로 끼워 넣어 풀어지지 않게 하면 형태가 잘 유지된다.

■ 티셔츠

how to

1 옷의 뒤판을 위로 오게 하고, 소매와 어깨가 연결되는 부분의 중간 정도에서 세로로 접은 후 소맷부리를 밑단에 맞춘다.

2 이와 같은 방법으로 반대쪽 소매도 접어 직사각형을 만든다.

3 밑단에서 몸판을 3등분으로 나누어 접는다.

4 목 부분이 위로 오도록 두어야 찾기 쉽다.

tip

티셔츠는 색이 있는 것과 없는 것으로 나누고, 다시 색상별로 나누어 정리한다.

■ 바지

1 지퍼가 안쪽으로 위치하게 정리하고 반을 접는다.

2 전체적으로 긴 직사각형이 되도록 튀어나온 엉덩이 부분을 안쪽으로 들어가게 접어 직사각형을 만든다.

3 수납장의 크기에 맞추어 4등분 해서 접는다.

tip

이와 같은 방법으로 레깅스도 접을 수 있다.

■ 속옷

1 속옷이 정면으로 보이게 펼친다.

2 가운데를 기준으로 가로 방향으로 3등분 해서 양쪽을 가운데로 접어 직사각형을 만든다.

3 길이 방향으로 3등분 한 상태에서 아래쪽을 접어 속옷의 안쪽에 집어 넣어준다.

■ 양말

1 양말 한 짝을 쫙 펴준다.

2 사각형을 만들기 위해 발뒤꿈치의 튀어나온 부분을 내려서 직사각형을 만든다.

3 두 켤레를 겹쳐 놓는다.

4 3등분 한 상태에서 아래쪽을 접어 양말 안쪽에 집어 넣어준다.

■ 후드티

how to

1 앞판이 위로 올라오게 놓고, 소매를 후드 너비에 맞추어 어깨부터 아랫단까지 일직선이 되도록 세로로 접어준다.

2 몸통 부분을 1/2 접고, 다시 1/4로 접어준다.

3 1/4로 줄어든 몸통을 후드 안으로 쏙 집어넣어 준다.

---

tip 외투 보관하기

점퍼

외투를 보관할 때 압축팩을 사용하면 부피감을 줄이는 데 도움을 준다. 단, 외부 원단에 심하게 주름이 생기거나 보충재의 복원력이 떨어질 수 있으므로 오리털 소재의 패딩류에는 사용하지 않는다.

코트

세탁소에서 씌워둔 비닐은 비닐 내부에 습기가 차서 옷에 세균이 번식할 수 있으므로 제거하는 것이 좋다. 부직포 의류 커버를 씌우고 어깨 보호용 옷걸이를 사용해 옷장의 오른쪽에 걸어두거나 3단 네모 접기를 해 수납상자에 보관한다.

- 니트

1 접어서 보관할 경우 신문지를 니트 목 부분보다 조금 넓게 접어 몸통에 댄다.

2 소매는 양쪽 모두 앞판의 중앙선에 오게 맞춰서 직사각형을 만든다.

3 아랫부분을 조금 먼저 접으면서 3단 접기를 한다.

---

tip 옷걸이 이용해 니트 걸기

옷걸이를 이용해 니트류를 걸어둘 때는 어깨가 늘어나거나 아래로 축 처져서 옷의 형태가 변형될 수 있으므로 거는 방식에 특별히 유의해야 한다.

❶ 니트를 반으로 접고 겨드랑이 쪽에 옷걸이의 손잡이를 놓는다.

❷ 팔을 접어서 옷걸이 사이의 아래쪽으로 넣는다.

❸ 몸통도 접어서 옷걸이 사이의 아래쪽으로 넣는다.

소재별 옷 세탁

면 티셔츠 · 일반 의류

우리가 일반적으로 사용하는 가루세제나 액체 형태의 세제는 알칼리성 세제에 속한다. 세제의 잔여물이 옷에 남아있으면 몸에 알레르기가 생기거나 의류가 망가질 수 있으니 합성세제를 줄여서 사용하는 것이 좋다.

tip 친환경 빨래 세제 만들기

판매되고 있는 산소계 표백제에는 형광증백제를 포함해서 몸에 해로운 물질이 많으므로 산소계 표백제의 주원료가 되는 과탄산소다를 사용해 보자.

일반 알칼리성 세제 : 과탄산소다 : 베이킹소다를 1 : 1 : 1 비율로 섞어서 친환경 빨래 세제를 만들 수 있다. 섬유유연제 대신 식초를 사용해도 좋다. 만약 식초 냄새가 걱정된다면 구연산을 사용해 보자. 구연산은 세제 찌꺼기를 없애주면서 옷을 부드럽게 만들어주는 효과가 있다.

tip 빨래가 엉키지 않게 세탁하기

바닥에 구멍을 낸 5~6개 정도의 요구르트병을 세탁할 때 넣어주면 세탁물 사이에 공간을 만들면서 물의 흐름을 일으키기 때문에 빨래가 엉키지 않도록 도와준다.

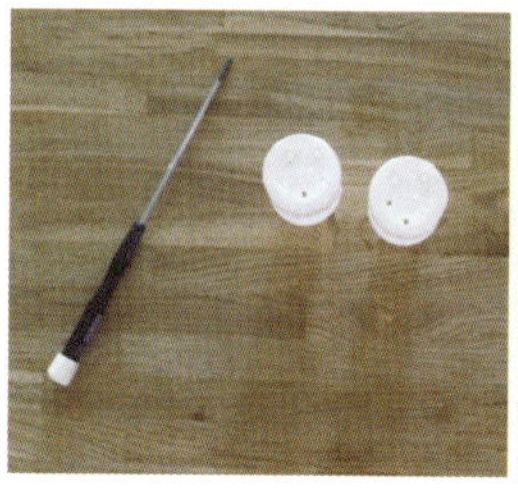 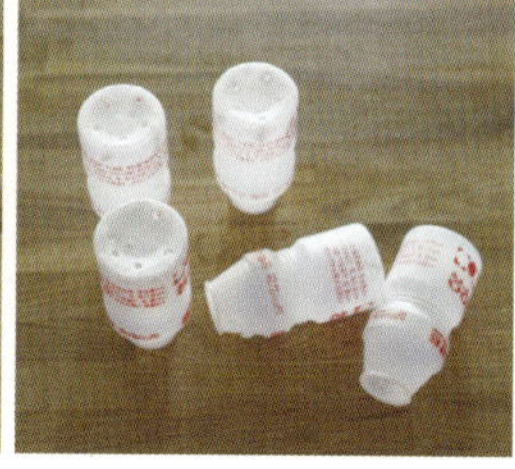

울 소재의 옷 · 니트류

니트류는 거칠게 비비면 모양이 변형될 수 있으므로
가볍게 눌러 빨고, 알칼리성 세제보다 중성 세제를 사
용하는 것이 좋다.

how to

1 30도 정도의 미지근한 물에 중성 세제나 주방 세
제를 풀어 손빨래하거나 세탁기의 울 코스로 빨래
한다.

2 땀이 배기 쉬운 목과 겨드랑이 부분을 손바닥 위에
올려놓고 솔로 살살 문지른다.

3 섬유유연제를 넣고 주무른 후 깨끗한 물에 헹군다.

4 비틀어 짜거나 옷걸이에 걸어 말리지 말고 세탁기
에서 약코스로 탈수하거나 두툼한 수건으로 옷을
감싸서 물기를 제거한다.

5 통풍이 잘되는 그늘에서 말려준다.

tip 줄어든 니트 되살리기

트리트먼트는 니트에 영양분을 공급하고 탄력을 복원시켜 린스보다 효과가 더 좋다. 단, 트리트먼트가 덩어리지면 옷감에 남아 옷
감을 손상시키거나 알레르기를 일으킬 수 있으므로 잘 풀어준다.

❶ 20도 정도의 미지근한 물에 트리트먼트를 두세 번 펌핑한다.

❷ 손으로 트리트먼트를 잘 풀어준다.

❸ 줄어든 니트를 10~15분 정도 담가둔다.

❹ 미지근한 물에 헹구면서 줄어든 부분을 부드럽게 늘려준다.

❺ 건조시킨 니트를 스팀다리미로 다림질하면서 다시 한 번 자연스럽게 손으로 당겨 늘린다.

오리털 패딩

오리털 패딩에 표백제나 섬유유연제를 넣어 세탁하면 깃털이 손상되기 때문에 절대로 사용하면 안 된다. 드라이클리닝제도 오리털의 유분막을 손상시킬 수 있기 때문에 가급적 중성 세제를 사용해 세탁하는 것이 좋다.

tip 오리털 의류 재코팅하기

오리털 패딩이나 아웃도어는 물빨래를 하면 방수 코팅력이 떨어져서 재코팅해 주는 제품을 이용해야 한다. 빨래한 후 젖어 있는 상태에서 코팅제품을 뿌리고 건조시킨다. 제품이 한 곳에 많이 뿌려져서 얼룩이 생겼으면 즉시 물로 빨아 없앤다.

how to

1 소매 안쪽이나 목 부분 등의 때가 잘 타는 곳과 얼룩이 묻은 부분은 스펀지로 애벌빨래를 한다.

2 모자는 분리하고, 손상될 수 있는 지퍼는 꼭 잠근다.

3 30도 정도의 미지근한 물에 중성 세제를 2번 정도 풀고 세탁물을 넣어 10분 안에 손으로 눌러가면서 빤다.

4 빨리 마르도록 겹쳐지는 부분이나 주머니 속 물기를 수건으로 제거한다.

5 공기가 잘 통하는 그늘에 잘 펼쳐서 말린다.

6 오리털 패딩이 마른 후에는 깃털이 한쪽으로 몰리지 않고 다시 살아날 수 있도록 손으로 살짝 두드리면서 모양을 잡는다.

기모 의류

how to

1 물에 중성 세제를 충분히 푼다. 중성 세제가 없을 경우 주방 세제나 샴푸도 좋다.

2 마지막 헹굼 물에 식초를 약간 넣고 헹군다.

tip

요즘에는 기모 레깅스나 기모 스웨트 셔츠(일명 맨투맨티)를 많이 입는데, 길이가 긴 기모에 세제가 낄 수 있으므로 잘 헹궈주어야 한다.

오염별 세탁

옷의 오염을 없애려면 24시간 이내에 세탁하는 것이 좋다. 세탁 여건이 안 된다면, 더러워진 부위라도 주방 세제와 식초를 이용해서 즉시 애벌빨래를 해야 한다.

얼룩 제거

■ 짜장얼룩과 커피얼룩

어두운색의 얼룩은 주방 세제와 식초를 1:1 비율로 섞은 천연세제로 살살 비벼 빨고 따뜻한 물로 헹군다.

■ 김치얼룩

산성인 김치얼룩은 주방 세제와 베이킹소다를 1:1 비율로 섞은 천연세제로 살살 비벼 빨고 따뜻한 물로 헹군다.

■ 과즙얼룩

과즙얼룩은 주방 세제와 베이킹소다를 1:1 비율로 섞은 천연세제로 살살 비벼 빨고 따뜻한 물로 헹군다.

■ 껌

껌은 베이킹소다나 식초의 중화반응을 이용해 세탁하는 것이 아니라 얼음을 이용해서 딱딱하게 만들어 떼어낸다.

옷깃의 찌든 때 빼기

교복이나 셔츠의 목, 소매 부분은 몸의 기름 성분과 함께 찌든 때가 되기 쉽다.

how to

1 바디워시와 베이킹소다를 1:1 비율로 섞는다.

2 섞은 세제로 옷깃을 문질러 빨래한다. 이때 셔츠의 빳빳함을 유지하기 위해서 손으로 문지르기보다 칫솔에 세제를 묻혀서 세탁한다.

3 식초를 부으면 옷깃의 찌든 때가 빠져나간다.

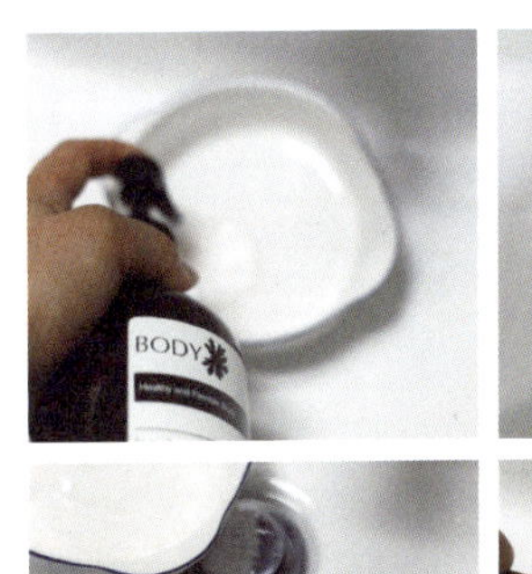
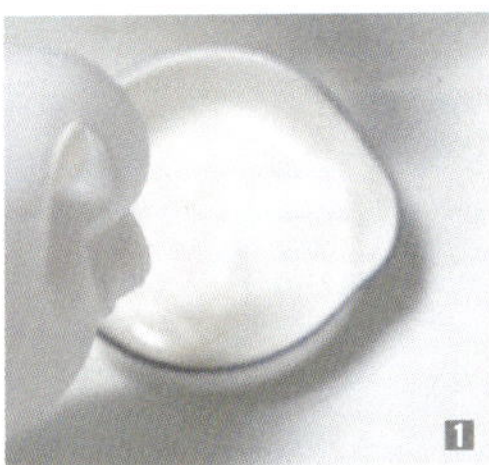
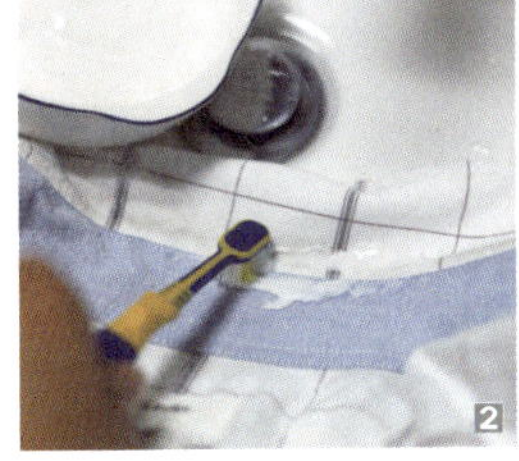

style up

석고 방향제로
향기 가득한 공간 만들기

OXFORD WOR
JANE AU
SENSE AND SEN

석고 방향제는 열을 가하거나 녹일 필요 없이 석고 반죽에 프래그런스 오일fragrance oil 만 넣어서 간
단하게 만들 수 있다. 몰드의 종류도 다양해서 원하는 모양으로 제작이 가능하다.

석고 방향제를 거실 책장이나 사이드 테이블에 올려놓으면 디퓨저만큼 좋은 방향제가 되고, 화장실
이나 옷장, 차 안에 넣어두면 은은한 향을 오래 즐길 수 있다. 향이 모두 사라지면 프래그런스 오일
을 몇 방울 더 떨어뜨려서 재사용할 수 있다.

준비물

석고분말 100g, 프래그런스 오일 15g, 올리브 리퀴드 10g, 물 25g,
실리콘 몰드, 비커, 나무젓가락, 종이컵

1 프래그런스 오일과 올리브 리퀴드를 섞는다.

2 석고분말에 물을 혼합한 후 잘 저어서 석고 반죽을 만든다.

3 석고 반죽에 프래그런스 오일과 올리브 리퀴드를 넣고 바닥까
지 1분 정도 저어준다. 너무 오래 저으면 굳을 수 있으므로 1분
이내로 재빨리 저어준다.

4 석고 반죽을 몰드에 1/3 정도만 채우고 몰드를 톡톡 치거나 이
쑤시개로 긁어서 기포를 빼준다.

5 석고 반죽이 완전히 굳기 전에 용도에 따라 드라이플라워를 꽂
거나 차량용 방향제 클립을 끼운다.

6 10분 정도만 되어도 석고 반죽이 금방 굳지만, 꺼낼 수 있는 상
태는 아니므로 1시간 정도 두었다가 완전히 굳었을 때 꺼낸다.

사업운과 재물운을 상승시키는
옷 정리·정돈

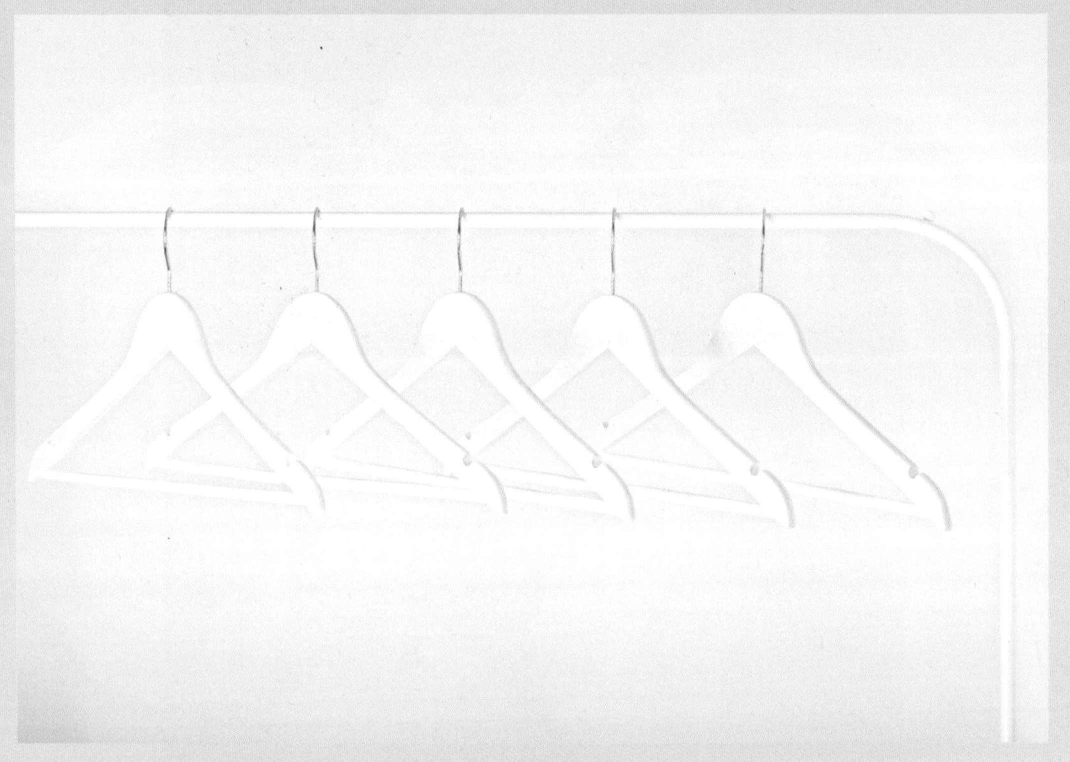

**계절이 지난 옷을 그대로 두면 사업에서 타이밍 운이 나빠진다.
안 쓰는 물건을 잔뜩 쌓아두면 음기가 모여 운을 떨어트린다.**

직장인이라면 인사이동이 잦은 4월에는 주변을 잘 정리하고, 필요 없는 물건을 쌓아 두지 않는다. 트렌드에 맞춰가는 느낌을 줄 수 있도록 지난 계절 옷을 정리하고, 산뜻한 느낌의 봄옷을 입는다.
가정에서는 아이가 상급 학교로 진학한 경우에 예전 교복, 체육복, 줄어든 옷 등은 보관하지 말고 버린다.

**평상복보다 고가인 정장이나 중요한 날에 입는 옷은
옷 커버를 씌어 잘 보관해야 사업운이 상승한다.**

중요한 사람들을 만나는 비즈니스를 위한 옷이나 인륜지대사인 관혼상제용 옷은 고가인 경우가 많다. 그러므로 잘 보관해서 옷을 입었을 때 제대로 옷맵시가 날 수 있도록 한다. 고가의 코트를 폭이 작은 옷걸이에 걸어 자국이 나게 해서는 안 되고, 모직 제품은 제습제를 함께 넣어 곰팡이가 생기지 않도록 한다. 커버를 씌울 때도 비닐 커버보다는 통습이 잘 되는 부직포 커버를 사용한다.

비닐은 불의 기운이 있어서 옷이 가진 운기를 모두 불태워버린다.

세탁소 비닐 커버를 그대로 씌워놓으면 옷에 습기가 차고 드라이클리닝 후 남은 기름기 때문에 옷에 좀이 생길 수 있다. 반드시 비닐 커버를 벗겨내고 부직포 커버를 이용하거나 안 입는 셔츠를 커버 대용으로 사용하는 것도 한 방법이다.

05
MAY

우리 가족 캠핑의 시작은 아이 때문이었지만, 다른 사람들의 캠핑 사진과 팁들을 찾아보면서 나도 점점 흥미가 생기기 시작했다. 하지만 필요한 캠핑 도구가 너무 많아 보였다. 마치 새로 신혼집을 차리는 것만큼의 살림이 필요해 보였고, 짐을 옮기는 일은 이사를 방불케 했다. 여기에 '감성캠핑'이라는 이름이 붙으면 사소한 소품까지 더욱 많아져서 캠핑을 시작할 엄두가 안 났다. 비싼 캠핑 도구와 텐트 모두 사놓고 사용하지 않을까 봐 걱정도 되었다.

우리가 가지고 있는 건 바람막이 텐트, 테이블, 릴렉스 체어, 매트 정도였다. 딱 나들이용 도구여서 1박을 하기에는 무리가 있어 보였다. 캠핑을 가고 싶다고 하니 동네 언니가 아빠들 없이 엄마와 아이랑만 함께 가자고 했다. 예상대로 준비물이 많았지만, 언니네가 캠핑을 자주 다녔기 때문에 우리는 거의 몸만 갔다. 엄마 둘이서 그 짐들을 모두 날라야 했기 때문에 최대한 짐을 줄이고, 딱 필요한 것만 가지고 갔다. 집 가까운 캠핑장에서 부담 없이 아주 재미있게 놀다 왔다. 밤늦도록 4차까지 진행되는 언니의 풀코스 요리를 즐기며 첫 캠핑을 성공적으로 마무리하였다.

그렇게 캠핑을 다녀오니 뭐가 필요한지 알 것 같았다. 캠핑용품을 모두 살 수는 없었지만, 아이가 가장 좋아하는 해먹은 필수! 국과 구이를 함께 요리할 수 있는 버너, 바닥에 찬 기운을 막아줄 전기매트, 텐트 아래와 텐트 안에 깔 두 장의 큰 매트를 구매했고, 나머지는 집에 있는 것으로 대체하였다. 나무젓가락과 도마로도 사용할 작은 원목 트레이, 각종 법랑 식기들을 가지고 이번에는 남편과 함께 캠핑을 떠났다.

그 후로 우리 가족은 조금씩 캠핑을 다니기 시작했다. 캠핑용 칼집세트가 좋아 보이지만, 여전히 빵 칼 하나만 들고 다니고 있고, 타프나 좀 더 좋은 사양의 텐트를 눈여겨보고 있지만, 그냥 바람막이 하나로 버티고 있다. 한겨울과 비 오는 날은 캠핑을 안 가면 되니까! 캠핑용품이 없다고 떠나보지도 못하는 것보다 부족해도 있는 것으로 다니면서 재미있는 게 나으니까!

여름을 맞이하는
가전 청소

집 안에 필요한 가전들이 점차 늘어간다.

기능이 한결 좋아진 제품이 계속 나오고 결혼 10년 차가 되니

쓰던 가전도 점차 수명을 다해간다.

돈 들어갈 데가 한두 군데가 아니다.

조금만 더 아껴 쓰자! 조금만 더 버텨주라~

미세먼지 제거에 유용한 가전 청소

심해진 미세먼지 때문에 요즘에는 공기청정기나 가
습기를 많이 사용한다. 하지만 이것들을 제대로 청소
하지 않는다면 무용지물이 되기 쉽고, 실내 환경에 오
히려 독이 될 수도 있다.

가습기

가습기는 건조한 겨울이나 봄에 사용하지만, 미세먼
지가 심한 날에는 공기 중의 수분을 많게 해서 먼지를
가라앉힐 수 있다. 가습기는 최소한 일주일에 한 번 정
도 청소하는 것이 좋으며, 청소하기 쉽도록 입구가 넓
은 디자인으로 산다. 세척할 때 합성세제보다 식초나
레몬 등 천연재료를 사용해야 한다. 그리고 가습기를
안 쓰는 동안에는 물통 안과 본체에 물이 남아있지 않
도록 깨끗하게 비우는 것이 좋다.

how to

1 가습기 물통의 물을 모두 비운다.

2 본체는 베이킹소다를 묻혀 물때를 닦아낸다. 넓은
   부분은 걸레로 닦아도 되고, 좁은 부분은 칫솔이나
   면봉을 이용해 청소한다.

3 가습기 물통에 레몬즙을 넣어 찌든 때를 불리고 소
   독한 후 따뜻한 물로 헹궈서 햇볕에 잘 말린다.

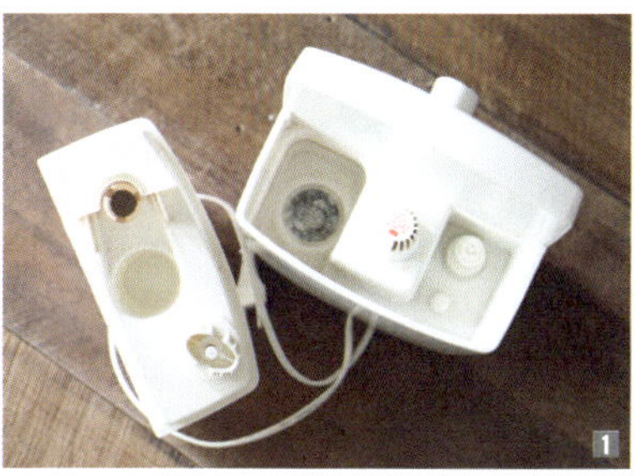

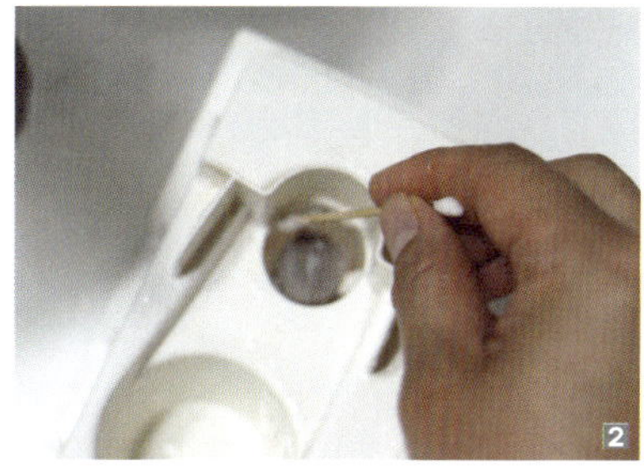

공기청정기

미세먼지가 심해지면서 가정에 필수품으로 자리 잡은 공기청정기는 에어컨처럼 세척이 가능한 프리필터와 헤파필터가 있다. 헤파필터는 구매해서 교체할 수 있고, 프리필터는 약 1~2개월 주기로 세척하는데, 황사나 미세먼지가 많을 때는 일주일 간격으로 물로 씻는다.

나는 적당량의 물을 분무하여 공기를 정화하는 벤타에어워셔를 사용 중이다. 이 제품은 잔고장이 없어서 아이가 어렸을 때 사서 9년이 넘었는데도 잘 사용하고 있다.

how to

1. 벤타에어워셔는 번호의 양옆에 있는 버튼을 누르면 양쪽이 날개처럼 열리면서 전체 뚜껑을 열 수 있다.
2. 팬 부분만 꺼내서 솔로 먼지를 털어준다. 이곳에 전기적인 부분이 모두 들어있기 때문에 절대로 물을 사용하면 안 된다.
3. 물기를 꽉 짠 젖은 걸레로 팬을 구석구석 닦는다.

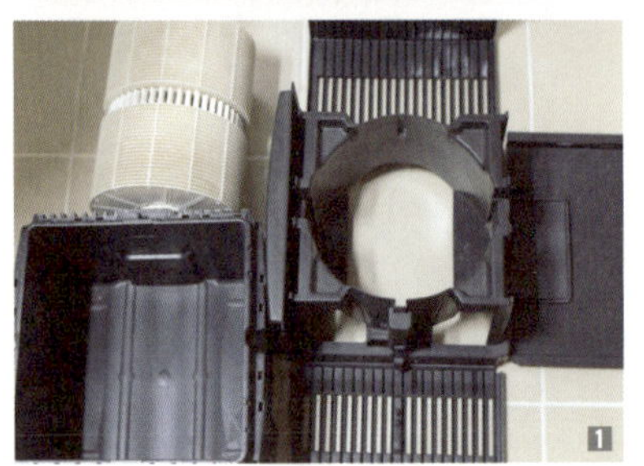

4 본체 통에 필터를 넣은 상태에서 과탄산소다를 뿌리고 뜨거운 물을 부으면 부글부글 거품이 나면서 표백이 된다. 이 상태에서 30분 정도 찌든 때를 불린다.

5 필터를 꺼내서 칫솔로 닦아준다.

6 베이킹소다를 페이스트로 만들어 통을 닦고 물로 깨끗이 헹군다.

7 햇빛에서 일광 소독한다.

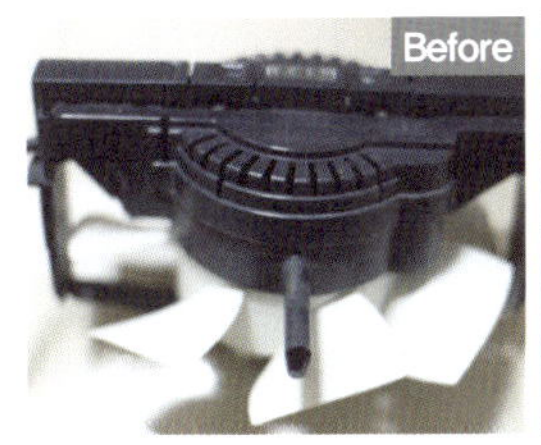

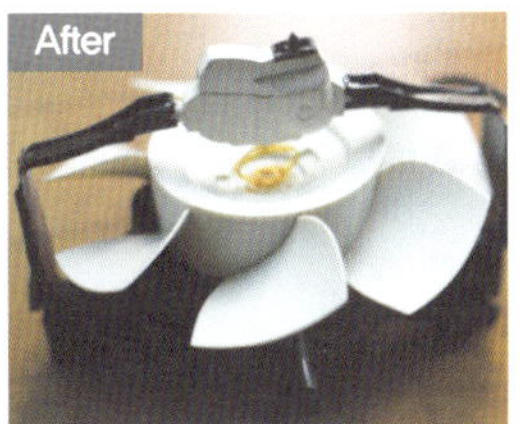

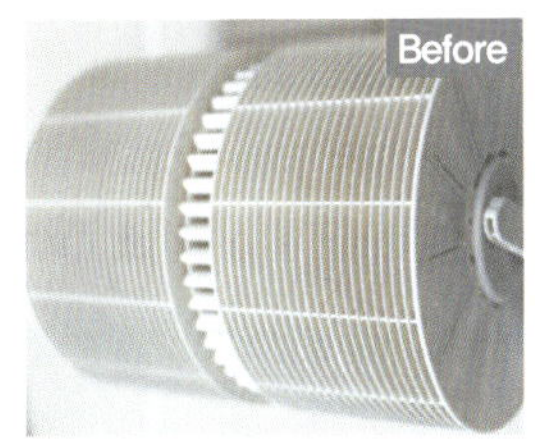

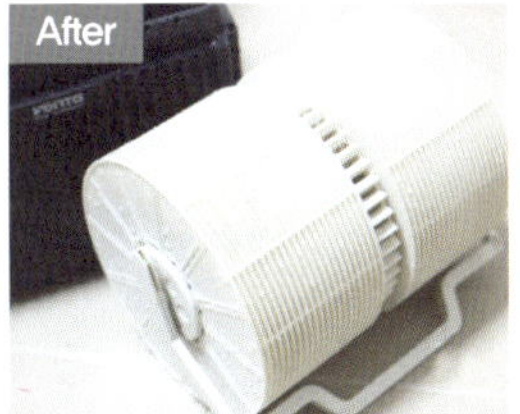

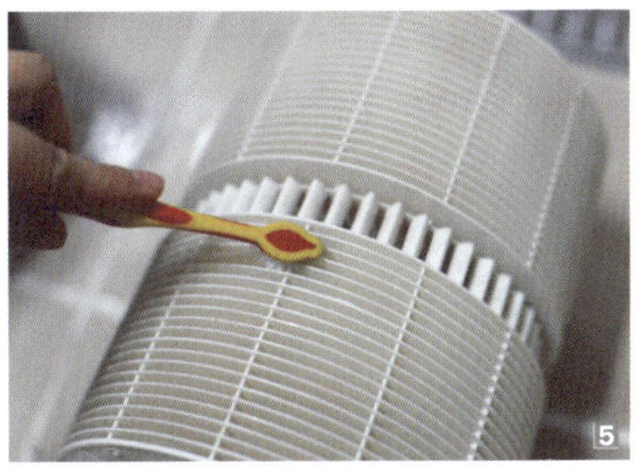

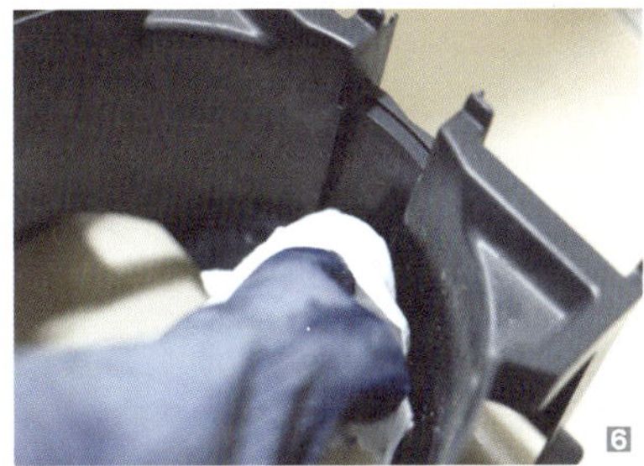

여름 준비 필수, 가전 청소

날씨가 점점 더워진다. 겨울 다음에 바로 여름인 것처럼 5월도 무척 덥다. 더 더워져서 손 하나 까닥하기 싫어지기 전에 선풍기라도 먼저 꺼내놔야겠다.

선풍기

선풍기는 부직포 커버를 씌워서 보관하는 것이 좋다. 커버를 씌워 보관해도 먼지가 수북하게 쌓이므로 선풍기를 사용하기 전에 최대한 분해해서 깨끗이 씻어야 한다.

how to

1 뚜껑을 분리한다.

2 날개를 고정하고 있는 캡을 돌려 몸통에서 날개를 분리한다.

3 뒤뚜껑은 날개를 고정하는 캡과 반대 방향으로 돌려 분리한다.

4 몸통의 먼지를 걸레나 티슈로 닦아낸다.

5 기둥이나 아래 지지대의 스크래치와 오염은 베이킹소다를 페이스트 형태로 만든 후 걸레에 묻혀서 닦는다.

6 분리한 날개와 뚜껑은 주방 세제와 베이킹소다를 1:1 비율로 섞어서 만든 천연세제를 칫솔에 묻혀서 닦는다.

7 깨끗하게 물로 헹궈 햇볕에서 완전히 말린다.

8 분리했던 순서와 반대 순서로 다시 조립한다.

에어컨

여름이 되기 전에 에어컨 필터도 청소해야 한다. 에
어컨에서 공기청정 기능을 하는 헤파필터는 새로 사
서 교체하고, 물청소 가능한 프리필터는 청소해 둔다.

1 에어컨 필터를 떼어낸다.

2 필터가 있던 에어컨 내부는 솔로 먼지를 털어준다.

3 베이킹소다와 주방 세제를 1:1 비율로 섞어 만든
천연세제를 물티슈에 묻힌 후 겉면에 묻어 있는 먼
지를 없앤다.

4 필터는 주방 세제를 푼 물에 담가 20분간 불린 후 칫
솔로 가볍게 닦아준다.

5 필터를 햇볕에서 말리면 휠 수 있기 때문에 그늘에
서 말린다.

6 마른걸레로 깨끗이 닦은 에어컨은 반나절 정도 열
어 두어 습기를 제거한다.

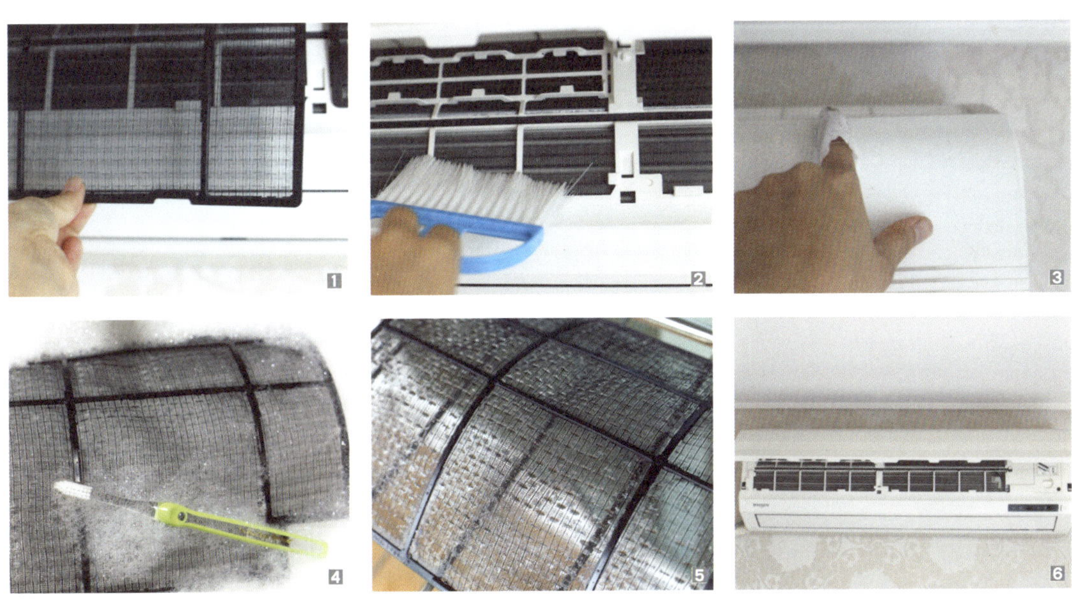

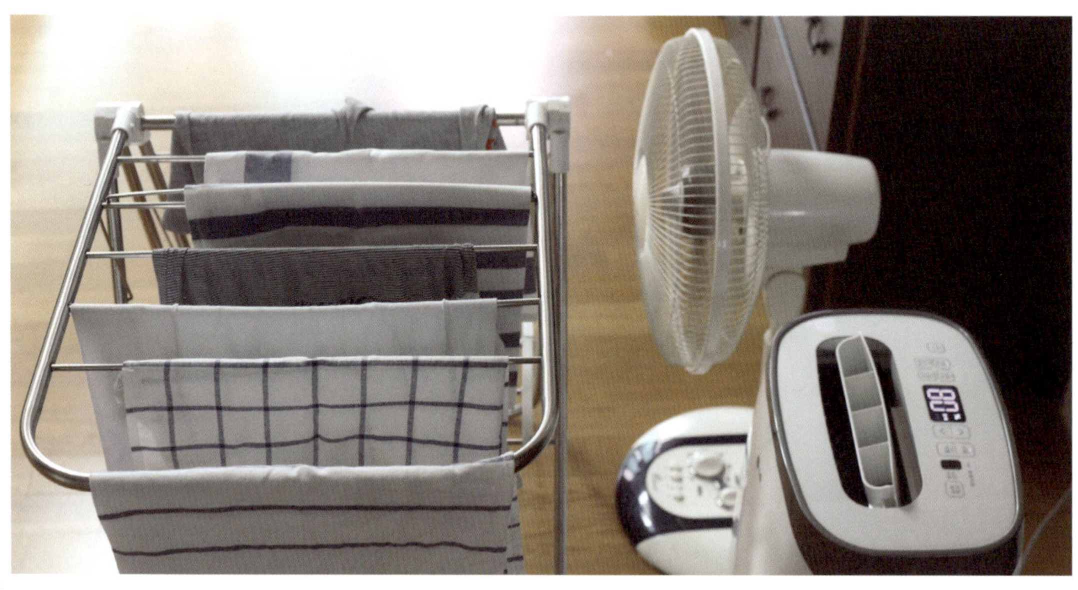

장마 대비, 제습기의 모든 것

제습기는 반지하 주택이나 업체에서 많이 사용한다.
하지만 장마철 빨래 건조에 정말 탁월하기 때문에 가
정에서도 제습기는 점차 필수품이 되어가고 있다.

효과적인 사용법 및 주의사항

1 제습기는 가급적 그늘진 곳에서 사용해야 최대 효
과를 볼 수 있다.

2 선풍기를 함께 틀어놓으면 효율성이 높아지고, 제
습기 때문에 올라간 실내 온도를 낮출 수 있다.

3 방문과 창문을 닫고 사용해야 효과를 더 빨리 볼 수
있다. 사용 후에는 공기가 탁해질 수 있으므로 반드
시 환기시켜 준다.

4 공기를 흡입하고 배출할 수 있는 공간을 확보하기
위해 벽에서 15cm 이상 떨어뜨려 두는 것이 좋다.

5 제습기를 이동할 때는 물통의 물이 넘칠 수 있으니
비우고 움직인다.

6 **제습기는 절대 눕혀서 이동 및 보관하면 안 된다.**
눕혀서 보관하면 제습기의 냉매 장치에 들어있는
냉매제가 셀 수 있기 때문이다.

관리 및 청소법

제습기 물통에 물을 방치하면 곰팡이와 세균이 쉽게
번식하기 때문에 잘 관리해야 한다.

1 주로 본체 뒤에 있는 제습기의 필터를 조심스럽게
   빼낸다.

2 물통은 수시로 비워주고, 응축수가 떨어지는 곳도
   자주 닦는다.

3 필터와 물통은 주 1회 중성세제로 씻는다.

4 필터는 그늘에 말려 휘지 않게 한다.

tip 제습기에 관한 궁금증 해결하기

Q. 정말 제습 효과가 있을까?

A. 제습기는 장마철 빨래 건조에 탁월하며, 좁은 장소에서 뛰어난
제습 효과가 있고, 에너지 효율성이 높다.

Q. 전기세가 많이 나오지 않을까?

A. 제습기는 TV와 소비 전력이 비슷한 수준으로, 선풍기와 함께
가동해도 에어컨 전력 소비량의 30% 정도에 불과하다.

Q. 제습기를 켜면 더워진다?

A. 권장 실내 온도인 26도 보다 높은 열기를 내뿜는 제습기
를 틀면 덥다고 느끼기 쉽다. 이 경우 선풍기와 함께 제습기를
가동하면, 체감온도를 떨어뜨리면서 습도를 낮추기 때문에 습
도 때문에 발생하는 불쾌지수가 낮아져서 기분이 상쾌해진다.

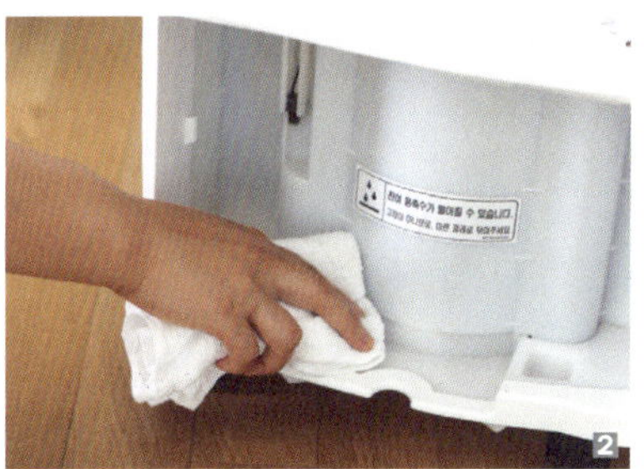

주방 가전 청소

커피포트

how to

1 커피포트에 식초를 4분의 1 정도 붓고 물을 가득 채운 후 끓인다.

2 끓인 식초를 버리고 두 번 정도 더 깨끗한 물을 넣어 끓인다.

3 주둥이는 면봉으로 깨끗하게 닦아낸다.

4 내부의 남아있는 물때의 겉면은 베이킹소다를 묻힌 매직블록으로 닦아내고 깨끗이 헹궈낸다.

믹서기 · 핸드블렌더

해독주스를 만들 때처럼 삶은 재료를 식히지 않고 믹서기에 넣어 갈면, 급격한 온도 변화 때문에 모터가 과열되어 화재가 발생할 수 있으니 조심해야 한다. 믹서기와 핸드블렌더는 달걀껍데기를 이용해 청소한다. 달걀껍데기에 붙어있는 흰 막이 물때나 앙금을 용해시키고, 껍데기는 수세미처럼 칼날을 청소한다.

how to

1 물과 달걀껍데기를 함께 넣고 작동한다.

2 다시 깨끗한 물을 넣고 작동시켜 헹궈준다.

3 청소 후 잘게 부서진 달걀껍데기는 화분에 뿌려 영양분으로 사용해도 좋다.

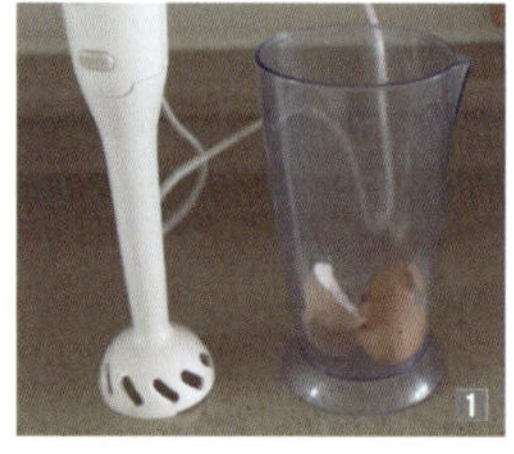

전자레인지

how to

1 작은 그릇에 소주를 담는다.

2 전자레인지에서 3분 정도 돌리고 2분 정도 더 두어 전자레인지에 습기가 가득 차게 한다.

3 습기가 있는 상태에서 찌든 때를 녹여내면서 닦으면 살균까지 된다.

전기밥솥

how to

1. 증기배출구 덮개와 압력추, 물고임통을 떼어낸다.
2. 볼에 1을 담고 베이킹소다를 뿌린 후 식초를 부어 때를 불린다.
3. 밥솥의 겉면은 물과 베이킹소다를 1:1비율로 섞은 베이킹소다 페이스트로 닦아준다.
4. 밥솥 아래쪽에 부착된 가는 철사로 증기배출구의 이물질을 빼준다. 이때 밥솥에 부착된 철사 이외에 이쑤시개 같은 것들은 자칫하면 증기 배출구가 막힐 수 있기 때문에 사용하지 않는다.

1

2

3

4

5

6

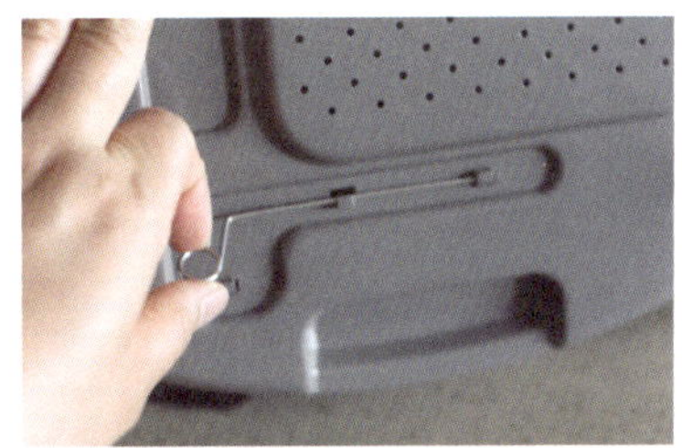

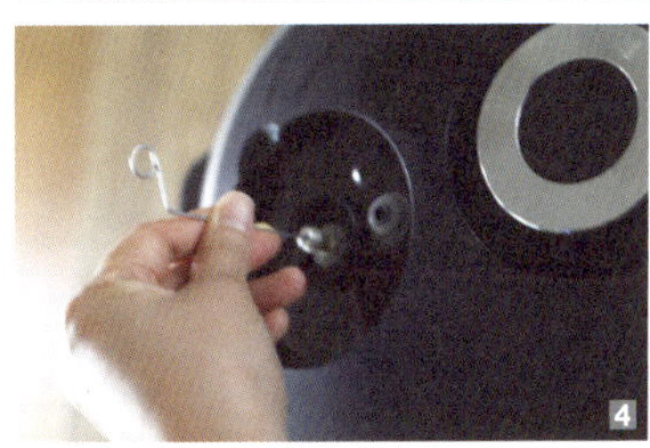

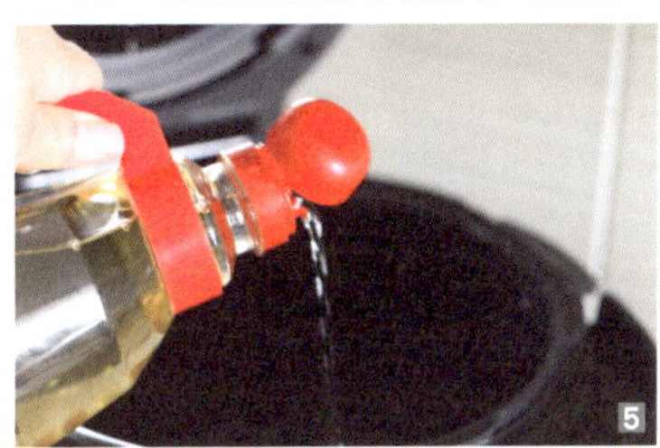

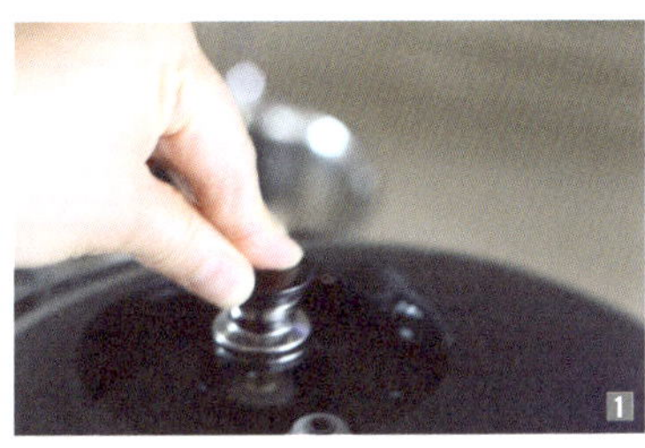

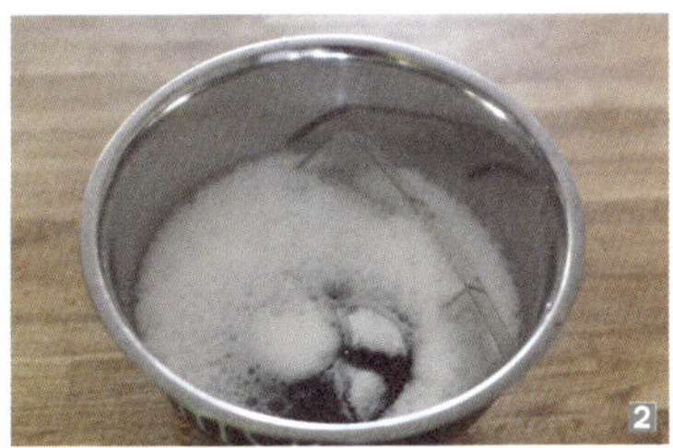

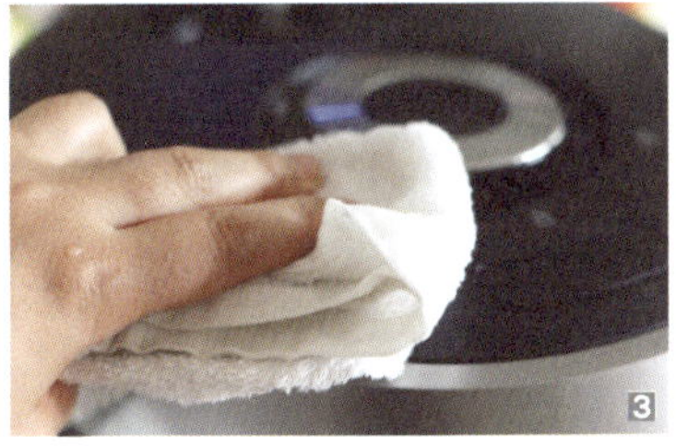

5. 솥 안에 식초를 4스푼 정도 넣고 2인분 분량의 물을 채운 후 백미 취사를 시작한다.
6. 20분 정도 지났을 때 '취소' 버튼을 꾸욱 눌러 강제 종료한다. 식초로 때가 불고 소독 된 밥솥 내부는 마른걸레로 잘 닦아준다.

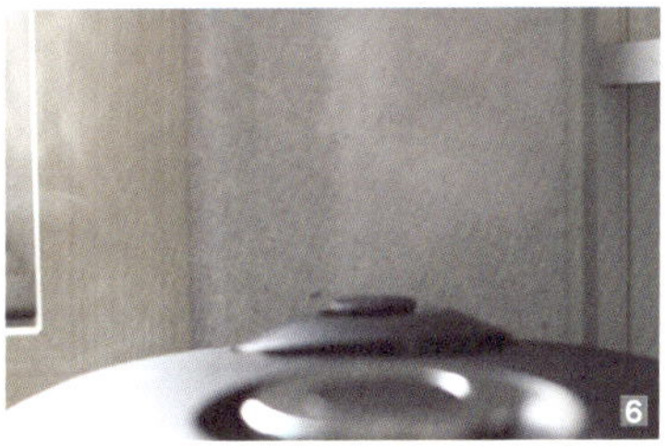

토스터기

토스터기에는 토스터만 가능한 제품과 미니 오븐을 겸용할 수 있는 제품이 있다. 미니 오븐 겸용 토스터기는 청소가 쉽고, 베이글이나 간단히 음식을 데워 먹기에도 좋다. 그래서 나는 신혼 때 선물 받은 토스터기를 계속 사용하고 있다.

how to

1 식빵을 올려놓는 선반과 식빵 부스러기를 모아놓는 받침을 분리하고 빵가루를 털어낸다.

2 베이킹소다와 구연산을 뿌리고 뜨거운 물을 넣어 찌든 때를 벗겨내면서 동시에 소독도 한다.

3 겉면과 내부는 베이킹소다를 물과 1:1 비율로 섞어서 페이스트 형태로 만들고 매직블록에 묻혀 닦거나 치약을 사용해도 좋다.

4 좁은 틈새는 쓰지 않는 카드를 물티슈에 끼워 구석구석 청소한다.

5 내부에 물기와 베이킹소다가 남아있지 않을 때까지 깨끗한 행주로 닦아낸다.

6 토스터기의 문을 열고 잘 건조시킨다.

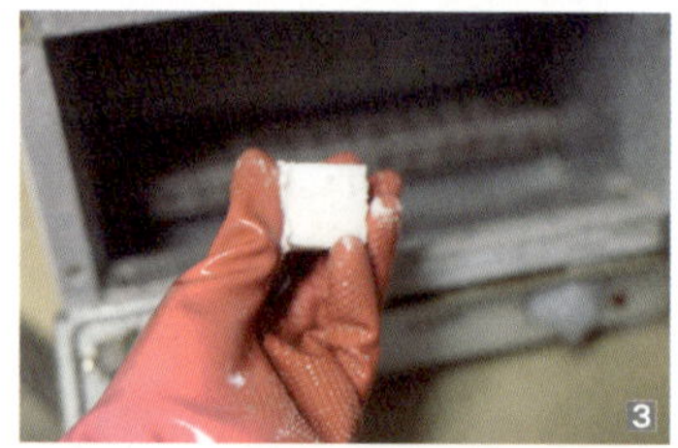

안 보이는 물때까지 싹! 세탁기 청소

세탁조를 분해해서 청소해 본 사람은 그 안에 얼마나 많은 물때와 곰팡이, 그리고 찌꺼기가 있는지 안다. 계속 미루다가 오랜만에 세탁조를 청소하고 제대로 살펴보면, 그때의 세탁조 모습은 정말 다시는 떠올리고 싶지 않다.

항상 물을 머금고 있는 세탁조의 안쪽은 정기적으로 소독해야 한다. 그렇지 않으면 습도가 높은 장마철에는 급격히 세균이 번식해 빨랫감까지 오염되어 옷감에서 퀴퀴한 냄새를 풍기게 된다.

평상시에도 세탁 후에는 세제 투입구와 문을 항상 열어 놓고, 장마철에는 적어도 2주에 한 번 세탁조를 청소해야 한다. 세탁조 전용 세정제의 주성분은 대부분 과탄산소다인데, 마트에서 세탁조 전용 청소세제보다 훨씬 저렴한 가격에 손쉽게 과탄산소다를 구매할 수 있다. 그리고 평소에 습기가 많은 세탁조 안에 베이킹 소다를 뿌려놓으면, 습기를 제거할 뿐만 아니라 빨래할 때 표백 효과를 줄 수 있어서 일석이조의 효과를 볼 수 있다.

세탁조

과탄산소다를 사용해서 세탁조를 청소하면 세탁기가 부식되는 것을 걱정하는 사람들도 있다. 하지만 우리가 사용하는 산소계 표백제의 주성분이 과탄산소다이기 때문에 표백제를 조금 더 많이 사용했다고 생각하면 된다.

how to

1 세탁조에 따뜻한 물을 가득 채우고 과탄산소다를 약 3~4컵 정도 부어준 후 일반 세탁 코스로 10분 정도 돌린다.

2 세탁을 정지한 후 반나절 정도 불려준다. 이 경우 밤에 불려놓고 아침에 헹구는 것이 좋다.

3 불린 상태에서 20분 정도 일반 코스로 다시 돌린다. 안 쓰는 수건을 함께 넣고 빨면 먼지 제거에 더욱 효과적이다.

4 1회 헹굼 후 청소를 마무리한다.

5 세제통과 먼지 제거망을 빼내고 씻어 말린다.

6 드럼 세탁기의 경우 아래쪽에 있는 물빠짐통의 마개를 열어 머리카락 등 엉킨 찌꺼기를 꺼내고 걸레에 주방 세제를 묻혀 닦아준다. 빼낸 마개에서 찌꺼기를 제거하고 베이킹소다와 식초를 함께 부어 찌든 때를 벗겨낸다.

tip 비데 청소하기

독한 세제로 비데 청소를 하면 염산 성분 때문에 비데에 균열이 발생할 수 있다. 대부분의 비데가 전자식이기 때문에 물과 접촉하면 내부에 습기가 차거나 물이 들어가 고장 날 수 있으므로 주의해야 한다.

❶ 버튼을 눌러 노즐을 뺀 후 구연산수를 뿌리고 깨끗이 닦는다.

❷ 전원 코드를 뽑고 뚜껑을 분리한다. 이때 뚜껑의 분리 방법은 제품마다 차이가 있으므로 주의한다.

❸ 비데 뚜껑이 분리된 자리는 청소용 솔로 깨끗이 닦는다. 이때 락스나 수세미는 긁힘, 균열, 파손의 원인이 되므로 사용하지 않는다.

❹ 마른 수건으로 물기 없이 닦아 마무리하고 비데 뚜껑을 다시 장착한다.

자주 쓰는 청소기 청소

청결을 위해 사용하는 청소기 때문에 바닥이 더 오염
되고, 흡입력이 전보다 떨어진 것 같다면 청소기도 청
소해야 한다. 청소기를 자주 쓰는 만큼 자주 청소해야
하는데, 헤드와 호스, 먼지통과 필터 청소로 나눠서 깨
끗하게 청소한다.

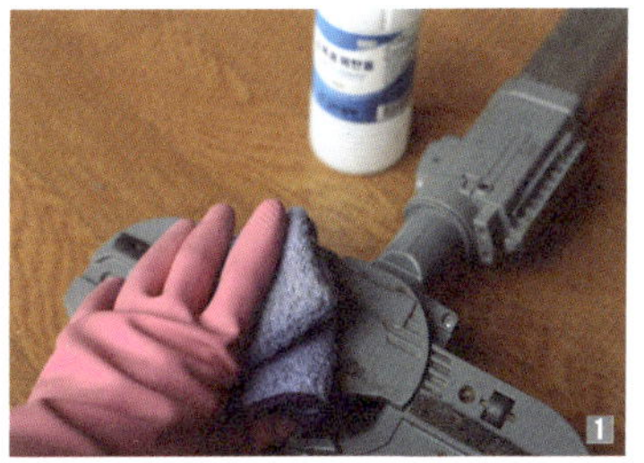

how to

1 헤드는 알코올을 묻힌 면봉과 걸레로 구석구석 닦
는다.

2 호스는 굵은 소금 한 컵을 천천히 빨아들이는 방법
으로 청소한다. 소금이 흡입되면서 호스 내부의 굴
곡진 부분까지 청소되므로 되도록 천천히 빨아들
이는 것이 좋다.

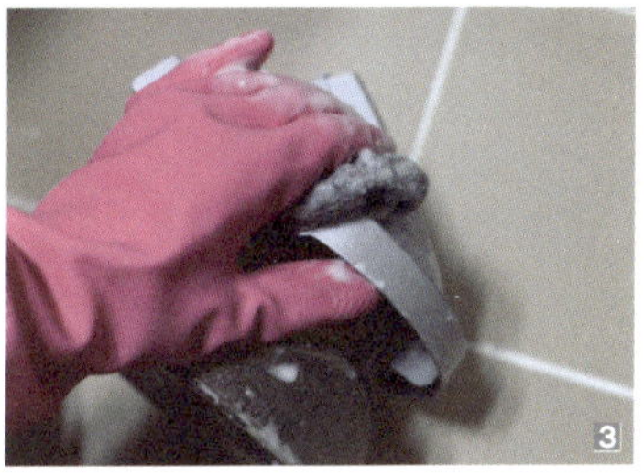

3 먼지통과 필터는 분리해서 먼지와 이물질을 버리
고 주방 세제와 베이킹소다를 1:1 비율로 섞어 구
석구석 닦는다.

4 식초를 뿌리면 찌든 때가 더 잘 빠진다.

5 깨끗하게 헹궈서 햇볕에 잘 말린다.

tip

간수를 포함한 굵은 소금이 호스 내부에 남아있으면 고장의 원
인이 되므로 10분간 청소기를 더 돌린다.

style up

홈 메이드
리코타 치즈

리코타 치즈로 브런치 즐기기

집에서 조금만 신경 쓰면 친구들과 마치 카페에 있는 것 같은 여유 있는 시간을 보낼 수도 있고, 밖
으로 나가 따뜻한 햇볕을 받으면서 봄 소풍도 즐길 수 있다.

브런치에 어울리는 리코타 치즈를 만들어서 샐러드와 빵에 곁들어 먹어보자.
리코타 치즈를 만드는 것은 바로 전기밥솥! 직접 끓여 요리하면 불 세기 조절에 신경 써야 하는데,
전기밥솥을 이용하면 아주 편하게 리코타 치즈를 만들 수 있다.

준비물 우유 100mL, 생크림 500mL, 소금 1Ts, 설탕 1Ts, 레몬즙 10Ts, 면보자기

1 전기밥솥에 레몬즙과 소금, 설탕을 넣고 완전히 녹인다. 이때 레몬즙을 넉넉히 넣어야 발효가 잘 된다.

2 우유와 생크림을 넣고 소독한 수저로 저어준다.

3 6시간 정도 보온 기능으로 가열한 후 꺼내보면 몽글몽글하게 치즈가 만들어져 있다.

4 물에 적신 2장의 면보 위에 치즈를 올리고 3시간 이상 유청을 뺀다. 이때 무거운 그릇을 올리면 유청이 더 잘 빠진다.

5 냉장 보관 후 요리한다. 크리미하게 먹을 경우에는 2~3시간 정도, 샐러드에 올려 먹을 경우에는 4시간 이상 냉장 보관한다. 냉장 보관은 최대 10일 정도 가능하다.

완성된 리코타 치즈를 샐러드에 뿌려서 먹거나 빵에 스프레드로 발라 먹으면 맛있다. 부드러운 질감이 크림치즈를 먹는 것과 같다.

돈 나가는 소리 막는
가전 배치

**동쪽과 남쪽에 텔레비전 같이 소리가 나는 가전제품을 놓으면
좋은 정보를 얻을 수 있다.**

요즘은 대부분 아파트에 살아서 텔레비전의 위치를 선택할 수도 없는 상황에서는 이런 정보를 알아도 난감할 것이다. 하지만 텔레비전의 위치는 충분히 이해가 된다. 해와 마주 보고 있는 방향에 텔레비전을 두면 잘 보이지 않고 해를 등지고 있어야 화면이 선명하게 잘 보인다. 해가 떠서 남쪽에서 빛이 들어오는데 마주 보는 북쪽에 텔레비전이 있으면 눈이 부셔서 화면을 전혀 볼 수 없을 것이다.

**물과 불이 충돌하면 불필요한 지출이 많아지므로
전자레인지는 냉장고 옆에 두지 않는다.**

음식을 데우는 뜨거운 기운의 가스레인지와 차가운 기운의 냉장고를 바로 옆에 두면 금전운이 떨어진다. 옛날에는 냉장고는 없었지만, 참 일리 있는 이야기이다. 물건을 차갑게 보관해야 하는 냉장고 옆에서 뜨거운 불을 계속 사용한다면 냉장고 냉각기가 더 많이 돌아야 해서 쓸데없는 지출이 많아진다. 그래서 일자 부엌 싱크대를 제작할 때 주로 냉장고 → 개수대 → 조리대 → 가스레인지 순으로 구성하는 것이다. 음식을 꺼내고, 씻고, 다듬고, 조리하는 순서이기도 하지만, 냉장고와 가스레인지를 멀리 배치한 것이 이 인테리어와 정확히 들어맞는다.

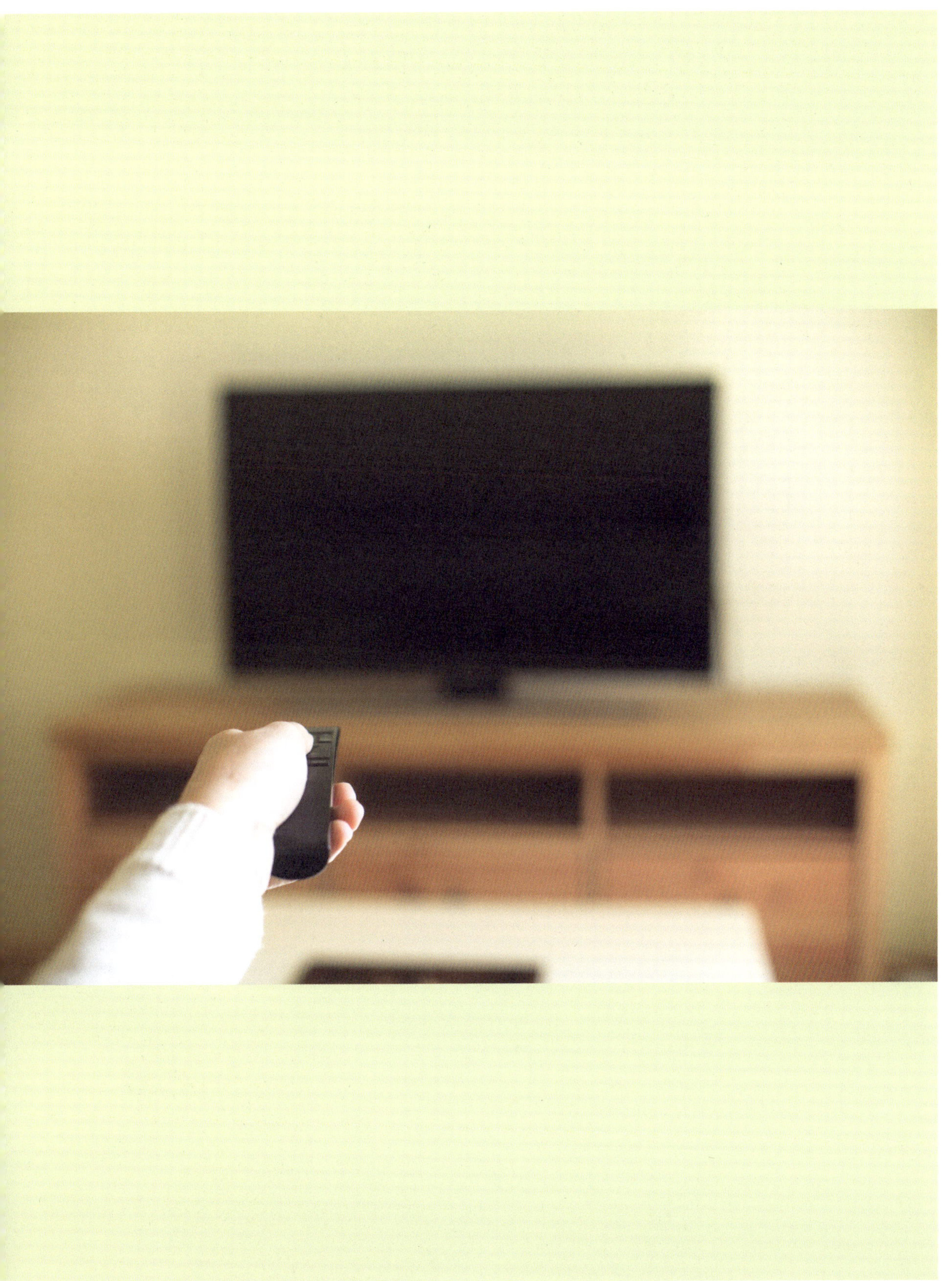

CHAPTER 2

SUMMER

카뮈의 소설 『이방인 』에서 주인공 뫼르소가
피스톨을 당긴 건 어쩌면 정말 정신을 어지럽게 만든
뜨거운 태양과 바닷소리 때문일지도 모른다.
더운 공기가 무겁게 누르며 햇볕이 강렬하게 내리쬐는
여름이 싫다.

그러나 어김없이 찾아오는 여름.
가만히 있어도 지치는 요즘, 여름을 잘 견디려면
나부터 단단히 각오하고 대비해야 한다.

06
JUNE

우리 동네 숲속마을에서 의왕시와 계명예술대학교가 함께 개최한

일상이 환상이 되는 공공예술프로젝트 '숲속 마실'을 진행하고 있어 참여하게 되었다.

주최 측에서 다이닝 테이블을 세팅해 주고 우리는 간단한 음식을 준비해 가면 되는 즐거운 행사였다.

아파트 앞에 있는 낮은 산기슭을 올라가니 친구네가 해먹을 자주 쳤던 자리에 멋진 다이닝 테이블이

마련되어 있었다. 형광등을 대신해 노란 앵두전구와 촛불이 켜져 있고, 폭신하고 산뜻한 초록의 잔디밭이

딱딱한 타일 바닥을 대신해서 멋진 야외 다이닝 룸이 되어 있었다.

꼬꼬마였던 한때, 날씬했던 한때, 신혼의 한때를 기억해 주는 오랜 친구가족과 함께 저녁 식사를 했다.

신나게 노는 아이들의 표정 덕분에 덩달아 우리도 기분이 좋아졌다.

엄마들도 함께 즐기기 위해 음식은 간단히 사서 준비했다. 사실 엄마들도

이런 야외파티는 잡지에서나 봤기 때문에 기대가 컸다.

모기에게 헌혈도 좀 하고 벌레들에게 놀라기도 했지만 아이들과 사진도 많이 찍고,

남편과 샴페인 잔으로 건배도 하며 함께 예쁜 추억을 만들면서 즐거운 시간을 보냈다.

이런 기억의 조각이 모여서 서로 행복하다고 생각하는 우리 가족이 되기를 바란다.

건강을
만드는 주방

주부들은 모두 공감하는 말.
제일 맛있는 밥은 남이 차려주는 밥이다.
그중에서도 최고는 남편이 차려주는 밥이다.

냉장고 속 식재료 관리

장을 본 후 식자재를 곧바로 냉장고에 넣는지 생각해
보자. 미리 재료를 손질한 후 용도에 알맞게 보관한다
면 좀 더 오랫동안 싱싱함을 유지할 수 있다.

고기

고기는 모양이나 냄새, 맛이 괜찮아 보여도 유통기한
이 4일 이상 지나면 위험할 수 있으므로 먹지 않는 것
이 좋다. 오래 얼려 푸석해진 고기는 그 부분만 잘라내
어 버리고 요리한다. 냉동육은 해동 후 다시 냉동하지
않는다.

생선

신선한 생선을 먹으려면 냉장고에서는 하루 이틀 정
도만 보관해야 한다. 생선은 내장에 기생충이 있으면
살로 파고들기 때문에 내장을 분리해서 보관한다. 한
마리씩 비닐 랩에 싸서 소분하면 편리하다.

유제품

우유는 시큼한 맛이 나면 상한 것이다. 시큼한 냄새가 확실하지 않다면 우유에 덩어리나 막이 생겼는지 살펴보고 농도가 다르게 보이면 마시지 않는다. 요구르트는 발효제품이어서 유통기한이 지나도 며칠은 먹을 수 있지만, 걱정스럽다면 얼굴에 마사지 팩으로 사용해도 좋다. 치즈와 버터는 가장 오래 보관할 수 있지만, 한 달을 넘기지 않고 먹도록 한다.

달걀

달걀은 뾰족한 부분이 아래로 향하게 세워서 보관하고, 구입 후 5주 안에는 먹어야 한다.

채소

채소는 약간 마르거나 시들기 시작해도 살짝 데치면 국물 요리를 만들거나 육수를 만들 때 사용할 수 있다.

마늘

마늘은 냉장 보관을 할 때 껍질을 벗긴 후 깨끗이 씻어 물기를 완전히 빼고 밀폐 용기에 담아 보관한다. 이때 냉장고에 마늘을 5일 이상 두지 않도록 적당한 양만 보관한다.

양파

양파에는 수분이 많고, 수분이 닿으면 상하기 쉬우므로 물로 씻지 않고 보관한다. 껍질을 벗겨내고, 위아래 꼭지 부분과 상한 부분을 모두 제거한다. 이 상태에서 양파를 물로 씻지 않고 자체 수분을 수건으로 닦아 랩으로 싼 후 지퍼백에 담아 보관한다.

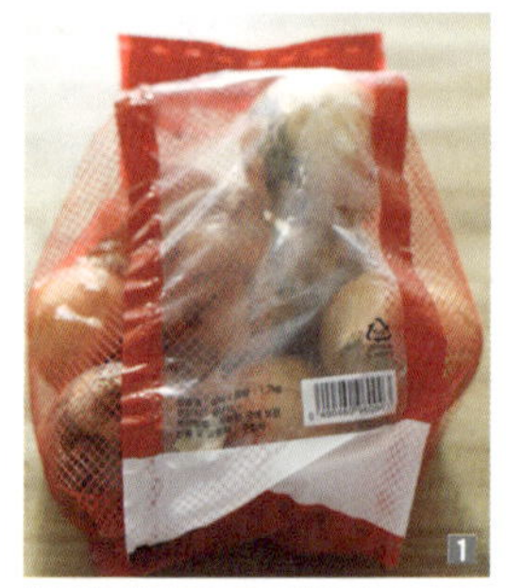

시금치

시금치를 감싸고 있는 끈과 비닐 테이프를 제거하고 물에 적신 신문지로 싼 후 지퍼백에 넣어 냉장실에 보관한다. 신문지가 마르지 않도록 가끔 물을 뿌려주면 일주일 정도 신선도를 유지할 수 있다.

가지

물기가 닿지 않도록 종이에 싸서 냉장 보관한다. 가지
는 저온에서 오래 보관하면 맛이 떨어지므로 나중에
사용할 것이라면 사온 봉지 그대로 보관한다. 이때 묶
은 부분을 느슨하게 풀어서 공기가 좀 더 통하게 하여
실온에서 보관하고 이틀 안에는 요리하는 것이 좋다.

콩나물과 숙주나물

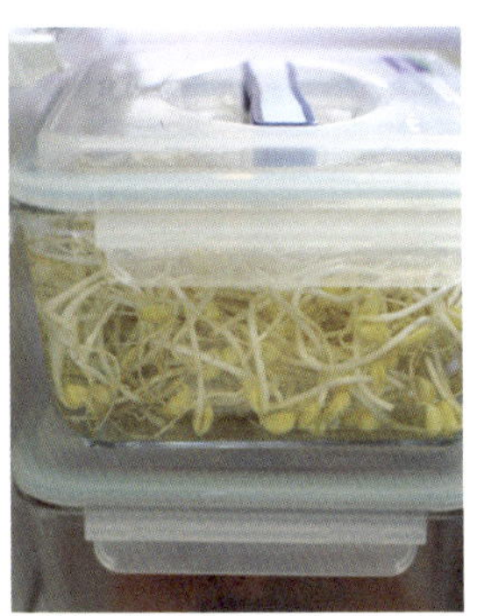

콩나물과 숙주나물은
진공 상태가 아니면 냉
장고에 보관해도 누렇
게 변색된다. 사온 즉
시 깨끗이 씻어 찬물
에 담가 냉장실에 보
관한다.

당근

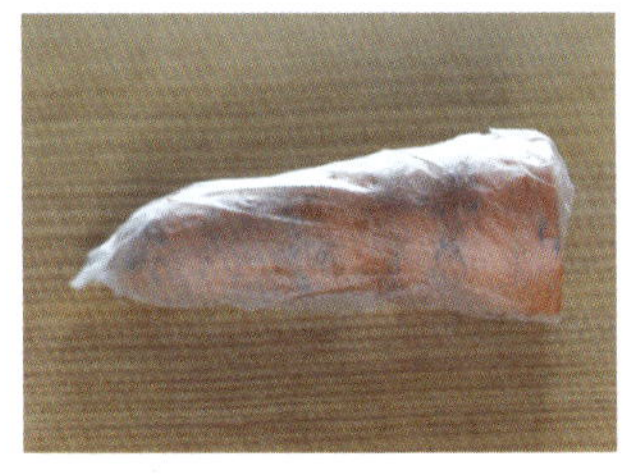

당근은 사온 즉시
뿌리의 끝부분을
잘라내고 절단면
에 비닐 랩을 씌운
후 전체를 신문지
로 싸서 냉장 보관한다. 사용하고 남은 당근은 상하기
쉬우므로 자른 단면뿐만 아니라 전체를 비닐 랩으로
싸서 냉장 보관한다.

깻잎

깻잎은 물에 닿으면
갈변하므로 물에 담
가두지 않는다. 깻잎
에 물이 묻었으면 말
끔히 닦아낸 후 비닐
랩으로 전체를 빈틈없이 싸서 냉장 보관한다.

표고버섯

생표고버섯은 갓 안쪽의 포자가 떨어지면 시들어버리
므로 거꾸로 놓아 보관한다. 키친타월을 깐 납작한 밀
폐용기에 표고버섯을 가지런히 놓은 후 냉장 보관한다.

부추

구입한 부추는 바로 다듬어 씻지 않고 종이에 싼 후 지
퍼백에 담아 냉장 보관한다.

양배추와 양상추

양배추와 양상추를 통째로 구입했을 경우 심을 도려
내고 물에 푹 적신 키친타월을 채워 넣으면 수분이 흡
수되어 오랫동안 보관할 수 있다. 조금씩 잎을 떼어 먹
을 때는 제일 겉잎은 두었다가 요리하고 남은 부분을
다시 싼 후 전체를 비닐 랩으로 싸서 냉장 보관한다.

냉장고 정리

이름표 달기

보관하는 내용물과 보관 시작 날짜를 마스킹테이프에
적는다. 이 이름표를 용기에 붙여 보관하면 물건을 빨
리 찾아 냉장고의 열손실을 줄이고, 유통기한이 지나
음식을 버리는 일을 줄일 수 있다.

투명한 밀폐 수납용기 사용하기

냉장고는 보이는 수납을 하는 것이 좋다. 따라서 투명
한 밀폐용기나 진공백, 지퍼백을 활용하면 안의 내용
물을 한눈에 볼 수 있어서 편리하다. 냉동용 유리 밀폐
용기에 담아 냉동 보관하면 플라스틱 용기에 담았을
때보다 상온에서 빨리 녹고, 전자레인지 겸용으로 사
용하는 밀폐용기도 있어서 해동할 때 간편하다.

한 번 먹을 만큼 소분해서 보관하기

조금 귀찮더라도 보관 전에 한 번 먹을 분량만큼 정
리해 지퍼백이나 밀폐용기에 나눠 냉동하면 해동한
후 음식이 남아 다시 냉동하는 일을 줄일 수 있다. 해
동했다 다시 냉동하면 미생물이 번식해 식중독 위험
이 커진다.

바구니에 담아 보관하기

바구니를 활용하면 잡다한 양념통과 식재료를 냉장고에 깔끔하게 보관할 수 있다. 양념이나 육즙이 흘러 냉장고를 지저분하게 하는 일도 줄일 수 있고, 음식을 꺼내거나 찾기도 쉽다.

요리할 때마다 거의 함께 쓰는 양념(참기름, 깨소금, 마늘, 굴소스, 고추장, 된장 등)을 한 바구니에 담아두면 요리할 때 편리하고, 양념을 찾기 위해 여러 번 냉장고를 여닫는 일을 줄일 수 있다.

세균이 잘 생기는 고기는 고기대로, 생선은 생선대로 각 바구니를 지정해서 보관하면 세균이 옮기는 것도 막을 수 있다.

수납용기 통일하기

수납용기를 통일하면 한결 정리된 느낌이 든다. 그렇다고 정리용품을 세트로 구입할 필요는 없다. 계속 사먹는 잼이나 꿀의 병을 재활용해서 같은 부류의 음식을 넣어 정리하고, 동일한 페트병에서 상표를 제거한 후 정리하면 훨씬 더 깔끔해 보인다. 보관 바구니도 흰색의 같은 디자인으로 냉장고 크기에 맞춰서 열을 세우면 한결 보기 좋다.

냉장실 정리

위

냉기 순환을 위해 위쪽 공간에 여유를 두고 사용한다.
빨리 먹어야 하는 달걀 같은 식재료는 냉장실의 위쪽
에 보관한다.

중간

평소에 가장 자주 먹는 반찬류, 금방 먹을 육류, 어패
류는 냉장실의 중간에 보관한다. 남은 채소, 빨리 먹어
야 할 식재료도 눈에 띄기 쉬운 중간 칸에 보관한다.

아래

장아찌처럼 오래 두고 먹어도 괜찮은 식품류는 냉장
실의 아래쪽에 보관한다.

특선실

채소나 과일은 밀폐용 그릇에 보관하는 것이 좋다. 밀
폐된 상태에서 보관하면 식품의 산화를 최소화시켜서
자연 그대로의 신선함을 오래 유지할 수 있다. 특선실
에 사용하는 바구니는 쇼핑백으로 만든 수납상자를
활용하면 좋다. 서랍은 떼내어 청소하기가 어렵고 채
소에 붙어있는 흙이나 이물질 때문에 더 쉽게 오염되
므로 보관 전에 깨끗이 제거한다.

tip

바나나, 단호박, 고구마, 감자, 양파, 생강, 우엉, 마늘, 덜 익은
토마토, 열대과일 등은 냉장 보관이 필요 없는 과채류이다.

냉동실 정리

냉동실의 위 칸에는 냉동 보관용 조리 식품류를, 아
래 칸에는 냉동 보관할 육류와 어패류 등을 정리하여
보관한다.

tip 꼭 냉동실 보관해야 하는 음식물

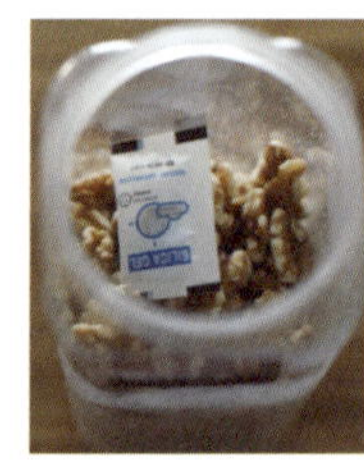

• 밤, 호두, 대추 같은 견과류는 보통
 실내에서 보관하는 경우가 많은데,
 외부 공기와 습기를 차단할 수 있
 는 밀폐용기나 지퍼백에 담아 냉동
 보관해야 한다. 이때 실라카겔을
함께 넣어두면 습기 때문에 상하는 것을 막아준다.

• 들깻가루, 고춧가루, 쌀가루는 냉동 보관한다.

• 자주 사용하지 않는 새우젓은 냉장 보관하면 유통기한이 지
 나지 않았어도 변할 수 있기 때문에 냉동 보관해야 한다. 젓
 갈류는 냉동실에 보관해도 염분 때문에 얼지 않는다.

• 쌈장도 냉동 보관하면 더욱 맛있게 먹을 수 있다.

냉장고 청소

냉장고 속에는 저온균이 산다. 하루에도 몇 번씩 문을 열고 닫는 냉장고는 사람 손에 의해 옮겨진 세균이 번식하기 좋은 환경이기 때문에 적어도 한 달에 한 번은 전원을 끈 상태에서 깨끗하게 청소하는 것이 좋고, 여름에는 일주일에 한 번씩 청소해야 한다. 하지만 냉장고 안에 각종 그릇과 자잘한 양념 등 가짓수가 많기 때문에 주기적으로 청소하기가 쉽지 않다.

이 경우 냉장고에 바구니를 놓고 쓰면 꺼내기도 쉽고, 냉장고 바닥에 직접 음식물이 떨어지지 않아 청결함을 유지할 수 있다. 그리고 바구니만 꺼내 더러워진 부분을 자주 씻어서 교체하면 대청소할 필요 없이 생각보다 쉽게 냉장고 청소를 할 수 있다.

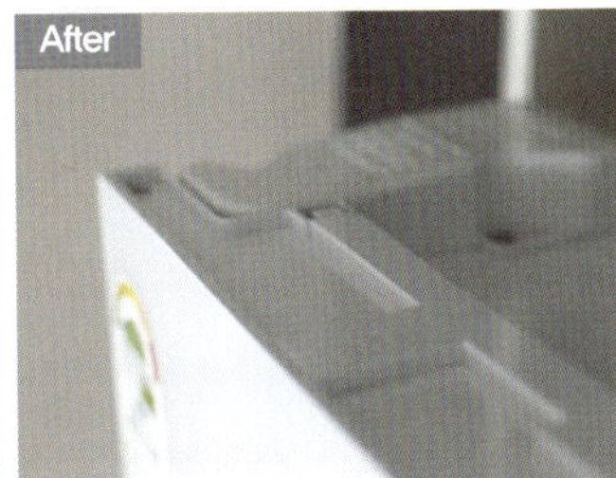

기본 청소법

how to

1 냉장고의 윗부분은 주방 세제를 푼 물에 헌 옷이나 걸레를 넣고 세제를 묻힌 후 닦아준다. 청소가 끝나면 깨끗한 걸레로 마무리한다.

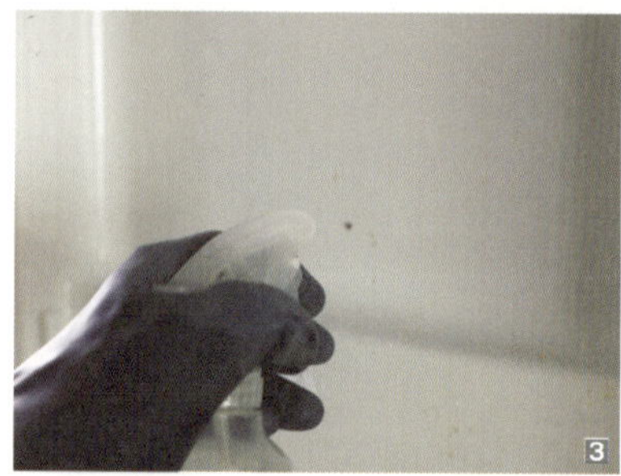

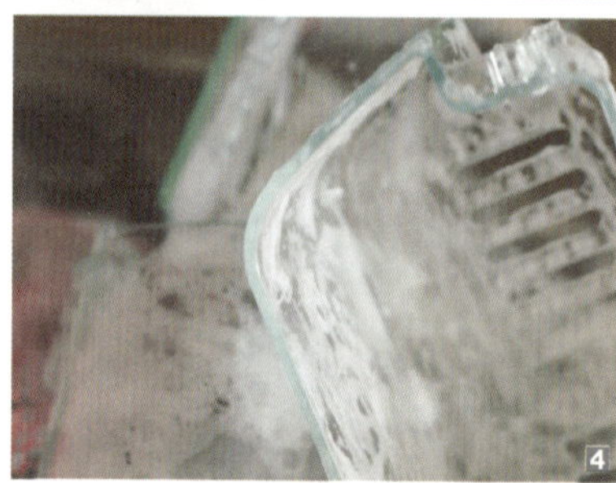

2 먼저 냉장고 속을 비운다. 가능하다면 전기 코드를 뽑고 상하기 쉬운 식재료는 아이스박스나 김치냉장고에 넣어 둔다.

3 물과 구연산을 희석해서 만든 구연산수를 뿌리고 젖은 행주를 이용해 전체적으로 닦는다. 탄산칼슘이 눌어붙어 물때가 생긴 경우가 많은데, 묵은 물때에는 구연산이 가장 좋고, 끈적끈적한 물엿이나 당분이 심하게 눌린 곳에는 쌀뜨물이 좋다. 쌀뜨물은 작은 콜로이드 입자로 되어 있어서 이러한 오염을 잘 제거할 수 있다.

4 빼낸 선반들은 주방 세제로 깨끗이 씻고 잘 말린다.

5 냉장고 문의 고무패킹은 알코올이나 소주를 묻힌 면봉으로 틈새까지 깨끗하게 닦는다. 면봉이 잘 부러져서 불편할 경우에는 안 쓰는 카드에 행주를 감싸서 틈새를 닦아준다.

6 청소한 후에는 마른 수건으로 꼼꼼히 닦아 잘 말려준다.

관리법

냉장고를 잘 관리하면 오염을 최소화하고 청소 횟수를 줄일 수 있다.

■ 냉장고 냄새 잡기

냉장고에는 완벽히 밀봉되지 않는 그릇 때문에 김치 냄새부터 반찬 냄새까지 냄새가 날 수밖에 없다. 숯이 냄새 잡는 데 탁월하니 냉장고 안에 숯을 넣어놔도 좋고, 먹다 남은 소주가 있으면 소주병의 뚜껑을 열어두어도 좋다. 숯이 없다면 버리는 식빵을 활용할 수도 있다.

how to

1 먹지 않는 식빵을 토스터기에 넣고 숯처럼 까맣게 될 때까지 태운다.

2 까맣게 태운 식빵을 호일에 싸고 이쑤시개로 구멍을 낸다.

3 냉장고 안쪽에 한 달 정도 넣어 둔다.

사용법

• 냉장고에 보관하기 전에 이물질이나 흙을 깨끗이 제거한다.

• 냉장고에 있는 식품은 깨끗한 손으로 만진다.

• 무조건 냉장 보관할 것이 아니라 식품 표시 사항을 확인한 후 보관한다.

• 햄, 두부 등은 개봉 후 밀폐 보관하고 빨리 먹는다.

• 먹다 남은 식품은 재가열한 후 냉장고에 보관한다.

• 냉장고는 한 달에 한 번 식초와 알코올로 청소한다.

식중독 예방, 싱크대 청소

조리대

싱크대의 조리대는 항상 습해서 세균이 살기 좋은 최적의 장소이다. 조리 도구를 사용하는 싱크대는 쉽게 흠집이 생길 수 있는데, 깊은 흠집에는 오염 물질이 끼고 세균이 번식하므로 매일 청소하고 주의해서 사용해야 한다. 때가 잘 끼는 상판이나 벽은 구연산수를 뿌리고 마른행주로 닦는다.

tip 도마 사용법

원목 도마는 베이킹소다로 청소하면 변색될 수 있으므로 사용하지 않는 것이 좋다. 레몬껍질이나 귤껍질로 닦아주면 청소와 동시에 소독도 되고, 도마에 베인 냄새도 잡을 수 있다. 그리고 굵은 소금으로 원목 도마를 박박 문질러주면 틈새의 음식물이 깨끗하게 제거된다.

생선을 썬 도마는 반드시 찬물로 씻어야 한다. 따뜻한 물로 도마를 씻으면 생선을 썰 때 흘러나온 입자가 응고되어 도마 바닥의 칼금 틈새에 끼어 비린내를 풍기기 때문이다.

싱크대의 상·하부장

수납장 안의 내용물을 모두 꺼낸 후 주방용 세제를 묻힌 스펀지나 행주로 수납장 안쪽을 깨끗이 닦고 마른 천으로 세제를 닦아낸다.

개수대

배수구의 배수구망에는 음식물 찌꺼기 때문에 곰팡이가 끼기 쉽다. 설거지가 끝난 후 못 쓰는 칫솔을 이용해 구석구석 깨끗하게 닦고 뜨거운 물을 부어 소독한다. 배수구망의 묵은 때는 베이킹소다 한 컵을 뿌린 후 그 위에 식초를 뿌리고 1시간 정도 후에 물로 깨끗이 씻어낸다.

녹슨 양념통 슬라이딩장

녹이 슬고 양념이 묻어서 부식된 슬라이딩장은 토마토케첩으로 청소할 수 있다. 토마토케첩을 바르고 20분 뒤에 철수세미로 닦아낸 후 식용유를 가볍게 발라 코팅하면 녹이 다시 생기는 기간을 지연시켜준다.

하부장에 딸린 칼집

칼은 마른 상태에서 칼집에 넣어야 한다. 그렇지 않으면 칼집 안에 곰팡이가 생기고 칼도 녹슬기 쉽다. 이전에 원목 칼집을 쓴 적이 있는데, 물이 젖은 상태로 쓰다 보니 원목 칼집의 하단부에 곰팡이가 생겨서 버려야 했다. 싱크대 하부장에 딸린 칼집의 뚜껑이 분리되는지 몰라서 한 번도 청소를 안 하는 경우가 많은데, 양쪽에 끼워지는 연결 부분을 동시에 눌러 빼낼 수 있다.

1 칼집의 양쪽에 튀어나온 연결부를 동시에 꾹 누르면서 잡아당긴다.

2 칼집 커버는 주방 세제와 베이킹소다를 섞은 천연 세제로 꼼꼼히 씻는다.

3 싱크대에 붙어있는 부분은 베이킹소다를 묻힌 행주로 닦는다.

4 햇볕에 잘 말린다.

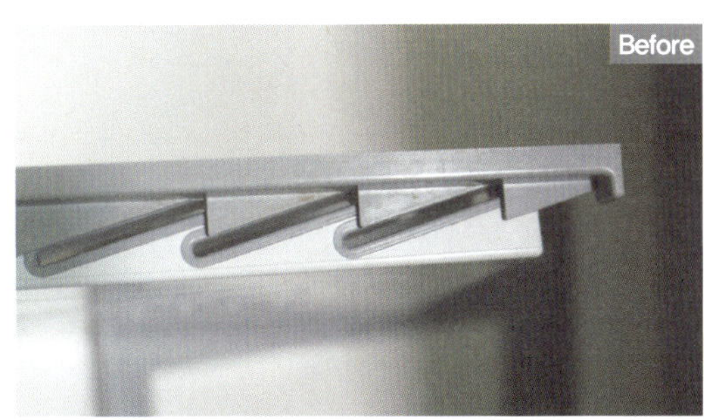

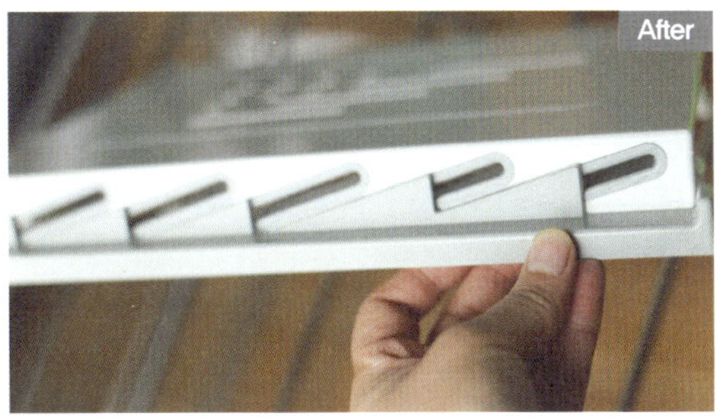

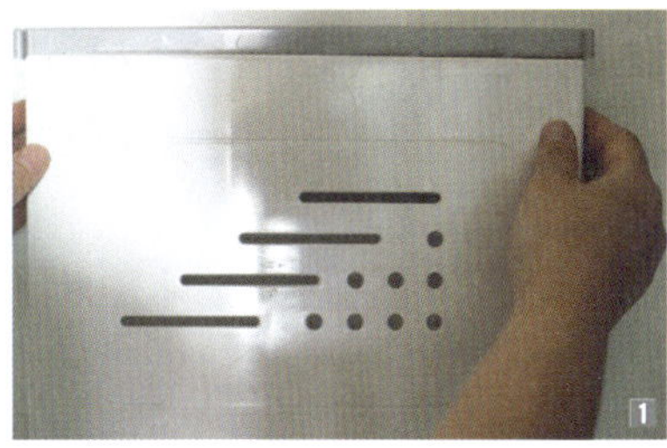

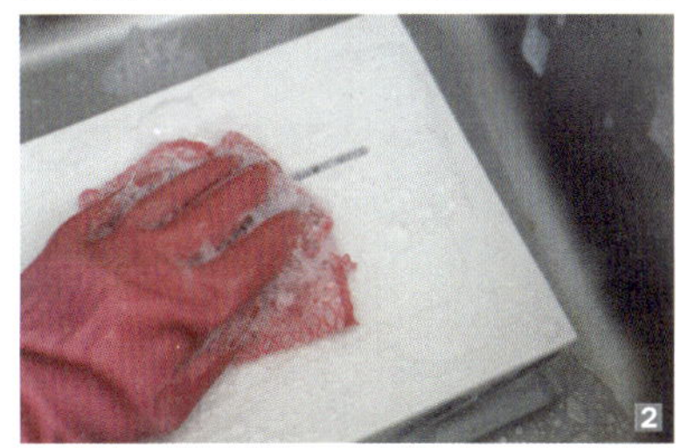

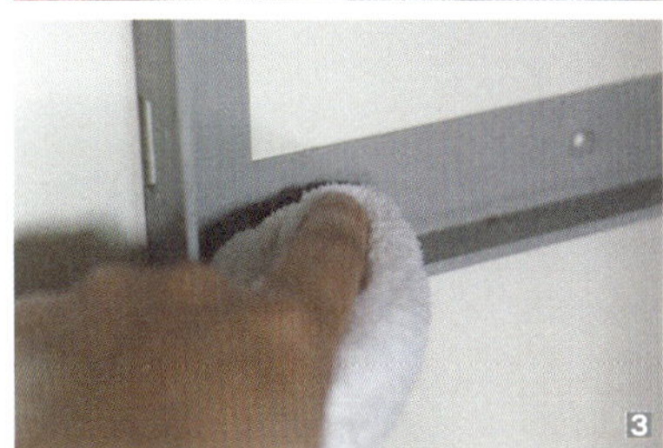

가스레인지

가스레인지를 청소하는 방법은 다양하므로 그때그때 가지고 있는 것들로 청소하면 좋다.

- 프라이팬이나 가스레인지 상판의 기름기는 키친타월로 한 번 닦은 후 커피 찌꺼기를 뿌리고 스펀지로 문질러 닦아 미지근한 물로 헹구면 기름기를 말끔히 없앨 수 있다.

- 상판의 오염원은 대부분 기름때인데, 이 경우에는 소주도 제격이다. 고깃집에 가면 소주가 남은 소주병에 분무기 꼭대기 뚜껑만 끼어서 청소하는 것을 볼 수 있는데, 이 방법을 집에서도 활용하면 좋다.

- 시금치와 같은 녹색 채소 데친 물도 재활용하면 좋다. 채소를 데친 물에 들어있는 카테킨 성분이 찌든 때를 녹이는 데 도움을 주기 때문이다. 데친 물을 상판에 적당히 부어주고 설거지할 동안 불린 후 설거지 끝나고 나서 닦아주기만 하면 된다.

후드

후드는 3중으로 되어 있어 한 번에 뒷면까지 청소하기
가 힘들다. 이 경우에는 기름때를 벗기기 위한 주방세
제와 칫솔이 닿기 힘든 부분까지 청소할 수 있는 베이
킹소다, 그리고 구연산을 이용한다. 베이킹소다와 구
연산이 만나면 이산화탄소가 생성되어 찌든 때를 쉽
게 뺄 수 있다.

how to

1 큰 볼에 베이킹소다 1컵을 붓는다.

2 주방 세제 1컵을 같은 볼에 붓는다.

3 베이킹소다와 주방 세제를 잘 섞어준다.

4 완성된 천연세제를 칫솔에 묻혀 후드에 꼼꼼히 발
  라준다.

5 구연산을 뿌리고 뜨거운 물을 부어주면 부글부글
  기포가 생기면서 뒷면의 찌든 때까지 잘 빠져나간
  다. 20분 정도 때를 불려주고 뜨거운 물로 헹궈 마
  무리한다.

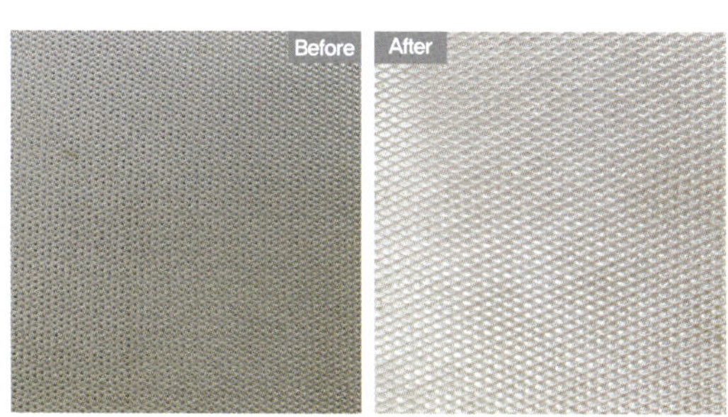

숨은 공간 찾는 싱크대 공간별 정리

싱크대 정리는 개수대와 조리대를 기준으로 해서 그릇을 씻고 양념을 꺼내 조리하기 쉽도록 동선을 짠다. 물건을 모두 꺼내 분류했다면, 물건의 자리를 만들어주는 것이 중요하다. 이때 시야에 잘 들어오고 손이 닿기 쉬운 곳에 자주 사용하는 식기들을 배치해야 한다.

상부장

자주 쓰는 밥그릇과 국그릇, 물컵과 찻잔 등 매일 사용하는 그릇은 싱크대 상부장에 정리한다. 특히 상부장의 아랫칸은 손닿기가 쉬운 골드존이니 가장 많이 사용하는 그릇을 여기에 보관한다. 자주 사용하는 밀폐용기는 상부장의 아래 칸에서 손이 닿기 쉬운 앞쪽에 두는 것이 좋다. 밀폐용기는 뚜껑을 닫아 보관하는 것이 청결하지만, 공간이 부족하다면 용기는 용기끼리, 뚜껑은 뚜껑끼리 포개어 정리한다.

사용 빈도가 낮은 그릇은 위쪽에 정리하는데, 위쪽에는 무거운 그릇보다 가벼운 그릇을 보관한다. 사실 종류별로 칸칸이 맞아떨어지게 나뉘어서 정리하면 좋지만, 자주 사용하는 그릇은 손이 잘 닿는 곳에 배치하고, 그렇지 않은 그릇은 보조주방에 보관하도록 한다. 낮은 그릇이나 컵은 앞쪽에, 긴 그릇이나 용기는 뒤쪽에 배치해서 내용물이 잘 보이게 한다. 유리잔은 키높이

순으로 해서 가로로 첫 번째 줄에는 물컵을, 그 뒤쪽에는 와인잔 순으로 정리하면 꺼내기가 어렵다. 그러므로 세로로 물컵 한 줄, 와인잔 한 줄 순으로 보관해야 쉽게 꺼낼 수 있다. 도자기 재질의 그릇이나 접시는 사이사이 신문지나 도일리doily 등을 한 장씩 껴놓으면, 스크래치가 생기거나 이가 나가는 것을 방지할 수 있다. 비싸서 아끼는 예쁜 그릇은 보관하다가 이만 나갈 수 있으므로 고이 서랍에만 모셔두지 말자. 무엇보다 소중한 내 가족에게 최고의 그릇으로 대접해 보자.

하부장

하부장은 개수대 아래 공간과 가스레인지 아래 공간으로 나눌 수 있다. 개수대 아래 공간은 주로 물을 사용하여 습하기 때문에 양념류보다는 냄비류나 청소 도구를 수납하고, 가스레인지 밑은 조미료나 식품류를 수납한다.

양념통 슬라이드장

양념망장에 양념을 보관하면 문을 열 때마다 양념통이 흔들려서 쓰러진다. 하지만 양념통 사이를 케이블타이로 묶어 보관하거나 보관통 안에 양념그릇을 넣어 보관하면 양념통이 쓰러지는 것을 막을 수 있다. 식용유와 같이 내용물이 흘러 수납장이 지저분해질 수 있는 양념은 우유팩을 잘라서 그 안에 넣어두면 깨끗 하게 쓸 수 있다.

아일랜드 서랍장

아일랜드 서랍장에는 자주 사용하지 않는 찜기, 곰솥 냄비 등을 보관한다.

tip 숨은 공간 활용하기

싱크대 안쪽 문에는 조리 도구를 수납하거나 간이 쓰레기봉투를 설치한다. 지저분해 보이지 않게 쓰레기통을 주방 대신 주방과 연결된 베란다에 두었더니 휴지 하나 버릴 때도 문을 여닫아야 하고, 동선도 길어져서 불편했다. 그래서 싱크대 배수구 문 안쪽에 고리를 달아 검정 비닐을 걸어두고 지저분하지 않은 간단한 쓰레기를 버리니 시간도 절약되고, 일도 편해졌다.

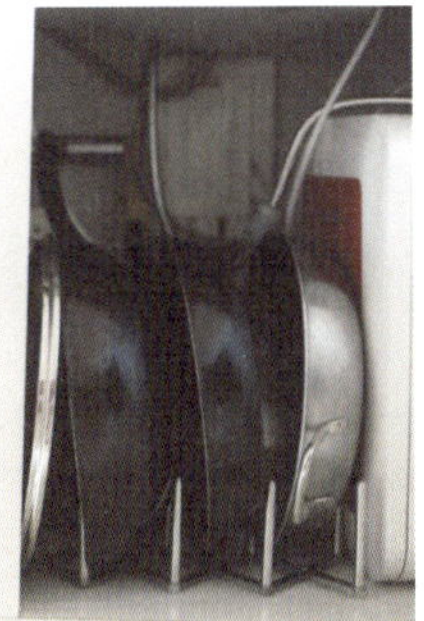

style up

우리 집 작은 카페놀이

'주방 인테리어'라고 하면 카페 같은 스타일이 단연 인기가 많다. 레일조명을 달고 이색적인 타일을 붙여서 커피숍에 온 것 같은 인테리어. 하지만 맛있는 커피와 차, 디저트만 있으면 우리 집 주방도 멋진 카페가 될 수 있다. 맛있는 커피는 수십만 원대 캡슐커피 머신이나 에스프레소 기계가 있어야만 가능한 것은 아니다. 저렴한 가격으로 티타임의 격을 올릴 방법도 많다.

더치커피 내리기

요즘에는 커피의 풍미가 오래가고, 와인처럼 깊은 맛을 내는 더치커피가 인기이다. 더치커피는 네덜란드 선원들이 커피를 운송하는 항해 중에 커피를 마시기 위해 만들어낸 방식으로, 상온의 물이나 찬물로 4~12시간 정도 오랜 시간 우려내어 내린 커피를 말한다.

나는 소풍이나 모임이 있을 때 여럿이 함께 맛있는 커피를 마시고 싶으면 더치커피를 내려 병에 담아서 가져간다. 인원수대로 원두커피를 내리면 들고 가기도 힘들고, 식었을 때 맛이 변할 수도 있다. 그래서 원하는 장소까지 테이크아웃해 가서 따뜻한 물만 넣으면 여럿이 함께 깊이 있는 커피의 맛을 즐길 수 있어 잘 숙성된 더치커피를 자주 애용한다.

how to

1 커피는 에스프레소용보다 좀 더 곱게 갈아 준비한다.

2 커피 서버에 세라믹 필터를 장착한 후 커피를 넣는다.

3 댐퍼가 있으면 댐퍼로 커피를 눌러주고, 없으면 서버를 탕탕 두드려서 커피의 수평 밀도를 맞춰준다.

4 커피 표면을 가볍게 다진 후 물을 약 30mL 정도 부어 전체적으로 커피를 가볍게 적셔준다.

5 서버와 물포트를 장착하고 4시간 이상 추출한다.

6 추출이 끝나면 더치병에 담아 하루 이상 냉장 숙성 시킨다.

모카포트

모카포트는 이탈리아 가정에서 많이 사용하는 에스프레소 추출 기구이다. 모카포트는 구조가 단순해서 고장 날 염려가 없는 것이 장점이다.

1 안전밸브 아래까지만 보일러(물통)에 물을 붓는다. 안전밸브 이상 물을 채우면, 에스프레소를 추출할 때 물이 넘치므로 선까지만 붓는다.

2 포트탑에 커피를 채운다. 커피 가루는 에스프레소 머신용보다 아주 살짝 가는 상태가 좋다. 커피 가루는 통 전체에 채우되 꾹꾹 누르지 않는다. 너무 꽉 누르면 수증기가 커피를 통과하지 못할 수도 있다.

3 포트탑을 통통 쳐서 커피를 채우면서 수평을 맞추는 정도로만 정리한다.

4 모카포트 보일러 위에 포트탑을 얹고 브래킷을 시계 방향으로 돌려 꽉 조여준다.

5 부글부글 물이 끓고 윗부분에 추출된 커피가 모이면 맛있는 에스프레소가 완성된다.

6 뜨거운 물을 부어 희석하면 아메리카노로도 마실 수 있다.

모카포트는 따뜻한 물과 부드러운 스펀지로 세척한 후 부속품을 하나하나 잘 말린다. 그렇지 않으면 모카포트 내부에 곰팡이가 생길 수 있다. 고무패킹만 교체해 주면 특별히 관리할 소모품이 없어서 오랫동안 잘 쓸 수 있다. 모카포트는 휴대가 간편해 캠핑갈 때도 정말 멋진 아이템이다. 이제부터는 캠핑에서도 믹스커피 대신 맛있는 아메리카노를 마셔보자.

핸드드립 커피

정확한 드립 방식으로 커피를 정성껏 내려 마시면 풍미가 더욱 좋아진다. 하지만 1차 추출과 2차 추출하기도 어렵고 물량 맞추기도, 좌로 6번, 우로 3번, 이런 과정이 복잡해서 그냥 주워들은 방법 중 나름 괜찮아 보이는 다음 방법을 자주 이용한다.

예전에 차 수업을 들은 적이 있는데 차도는 아주 복잡하지만, 중요한 것은 정확한 방법이 아니라 마음이니 편안하게 즐기라고 했다. 원두커피도 마찬가지지 않을까? 누가 우리 집에 와서 커핑하는 건 아니니까.

how to

1 드립과 용기, 여과지에 뜨거운 물을 부어 전체적으로 예열해 둔다.

2 드립에 페이퍼 필터를 접어 넣은 후 원두를 담는다.

3 일본어의 'の(노)'자 모양이 되도록 드립 중간 지점으로부터 외각으로 분쇄된 원두 전체를 적셔 뜸을 들인다. 이때 페이퍼 필터에 직접 물이 닿지 않도록 한다.

4 마지막 거품이 있을 때 서버에서 드립을 바로 제거한다. 거품이 밑으로 가라앉아 추출되면, 커피 맛이 떨어질 수 있다.

커피 향은 기분이 좋아지게 하고, 집 안에 베어있는 음식물 냄새를 잡는 데 아주 좋다. 또한 원두커피 찌꺼기는 훌륭한 청소 세제로 이용할 수 있어 나는 집에서 커피를 더 즐겨 마신다.

건강과 재물을 부르는
주방 인테리어

**주방은 건강운, 재물운과 관련 있는 공간으로
나무 소재의 아이템이 재물운을 높인다.**

우선 싱크대부터 정리하자. 금이 갔거나 이가 빠진 식기, 색이 변한 수저, 안 쓰는 밀폐용기 등은 우리 가족의 건강을 해칠 수 있다. 대신 나무로 된 식기, 도마, 수저는 동시에 건강과 재물운을 좋게 할 수 있다. 또한 천연 옻칠이 된 주방 도구들도 보는 것만으로 사람을 편안하게 하고, 화학 성분이 없어 건강에도 좋다.

풍수에서 문은 행운이 들어오는 입구이다.
냉장고 문으로도 행운이 들어올 수 있으므로 행운을 막을 수 있는
메모와 레시피가 적힌 종이는 떼어낸다.

냉장고에 붙은 한두 장의 가족사진은 가족의 따스한 정을 느끼게 하고, 먹음
직한 레시피가 붙은 냉장고는 주부의 살림 열정을 보여주기도 한다. 하지만
냉장고에 이런 것들이 너무 많이 붙어있으면 지저분해 보일 수 있다. 특히 냉
장고는 위생 상태가 매우 중요해서 항상 청결해야 하는 곳인데, 이런 것들 때
문에 그 부분에 청소를 잘 안 하게 될 수 있으니 떼어내도록 한다.

문이 없는 벽걸이 싱크대는 전체적인 운기를 쉽게 떨어뜨리고,
건강운이 안 좋아질 수 있으니 주의한다.
오픈 찬장에는 가볍고 잘 깨지지 않는 그릇을 보관하는 것이 좋다.

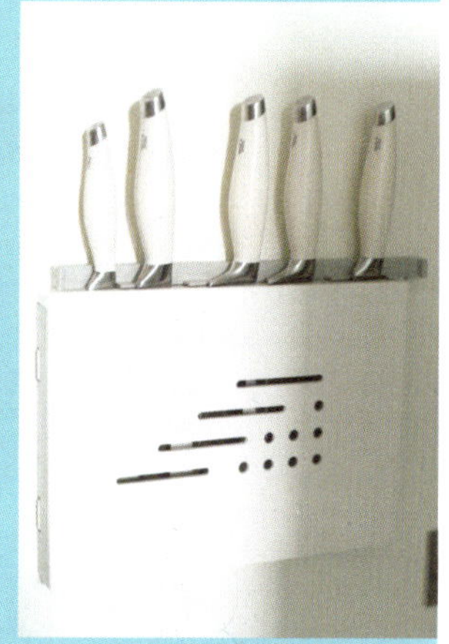

요즘에는 싱크대의 상하부가 꽉꽉 채워진 답답한 주방에서 벗어나기 위해 상
부에는 싱크대를 걸지 않는 오픈형 인테리어가 유행이다. 미적인 면에서는 오
픈형 주방이 훨씬 좋아 보이지만, 먼지가 쌓이고 더러워지기 쉬우므로 건강운
을 고려해 그릇 수납과 청소에 신경을 써야 한다.

칼을 꺼내두면 금전적인 고민과 상처가 생길 수 있으므로
칼꽂이에 꽂아 수납한다.

칼은 우리 생활에 꼭 필요하지만 위험하기도 하다. 그래서 번거롭더라도 칼은
칼집에 꽂아 수납하는 것이 좋다. 칼을 씻고 곧바로 꽂으면 칼이 녹슬기 쉽고,
칼꽂이 안에도 곰팡이가 생기기 쉬우므로 칼을 잘 건조시킨 후에 꽂아 보관해
야 한다. 칼을 오래 사용하면 칼 구입 비용이 절약되어 금전운이 올라가고, 곰
팡이가 안 생기면 건강운도 좋아질 것이다.

07
JULY
THE
KINFOLK
TABLE

요즘에는 베란다를 확장해 거실이나 방을 넓게 쓰는 집이 많다.

하지만 우리 집에서 베란다는 없어서는 안 되는 매우 중요한 공간이다.

살림을 버리는 것만큼 중요한 것이 수납인데, 수납할 공간이 있어야 수납도 할 수 있다.

살림을 어렵다고 느끼는 사람, 살림살이가 많은 사람일수록 베란다 같은

수납 공간은 필수이다. 지저분하고 안 쓰는 것들을 한곳에 둘 수 있는 수납 공간이 있어야 한다.

빨래한 것들을 말릴 곳도 꼭 필요하다. 손님이 왔는데 속옷이 널려있는 빨래 건조대가 거실을 차지하고

있으면 민망하기 그지없다. 그때 빨리 빨래대를 밀어 넣을 수 있는 베란다가 꼭 필요하다.

그렇다고 베란다가 이것저것 짐을 밀어 넣는 곳으로만 활용되는 것은 아니다.

예쁜 식물을 키우며 계절을 느끼게 해 주는 곳이기도 하다. 비록 나는 화분을 오래 키우는 재주는 없지만,

그 계절을 알리는 화분이 햇살 가득한 창가에 있는 걸 보면 기분이 좋아진다.

베란다는 그렇게 나에게 작은 행복을 주는 공간이다.

때로는 작은 행복을 넘어서 적극적으로 베란다를 활용할 때도 있다.

바닥에 러그를 깔거나 타일을 깔아 보기도 하고, 또 책상을 놓고 책을 읽거나 일을 하면서

놀이 공간, 작업 공간으로 이용하기도 한다.

그리고 신혼 때는 베란다 창턱에 판을 하나 놓고 바스툴을 놓아

가끔 와인 한잔하는 우리 부부만의 낭만 공간으로 쓰이기도 했다.

메인 공간은 아니지만 만능 다용도 공간, 베란다. 우리 집 곳곳을 아끼고 가꾸는 시간이 좋다.

더 이상 창고가 아닌
플러스 공간, 베란다

나는 비 오는 날이 참 좋다.
창가에서 커피를 한잔하며 여유롭게 내리는 비를 즐긴다.
그러나 긴 장마철이 하루 이틀 이어지면
날씨 탓에 쌓여만 가는 빨랫감에
마음이 심란해진다.
빨래 때문에 기분이 좌우되는 어쩔 수 없는
주부가 되었나 보다.

장마철 베란다 관리

긴 장마철에는 습한 날씨 때문에 냄새, 습기, 곰팡이 문제가 한꺼번에 찾아올 때가 많다. 이 문제가 제일 많이 발생하는 곳이 바로 베란다이다. 베란다에 둔 음식물 쓰레기통 냄새도 유독 심해지고, 배수구에서도 스물스물 고약한 냄새가 올라온다. 게다가 며칠 쳐다 보지 않았더니 어느새 벽에 곰팡이도 생겼다.

우리 아파트의 어떤 세대에서는 베란다 선반장이 떨어져서 세탁기 위를 찍는 사고가 일어났다. 시공 부실이 원인이겠지만, 습기를 많이 먹은 선반이 무거워졌거나, 곰팡이 때문에 지지대가 약해져서 떨어질 수도 있다. **베란다, 특히 주방쪽 베란다의 습기 제거는 선택이 아니라 필수이다.**

배수구 청소

평소에 닫혀 있는 베란다 붙박이장은 문을 열어 자주 환기를 시켜준다. 그리고 제습을 위해 베란다 아랫부분에 실리카겔이나 염화칼슘 제습제를 놓아둔다.

1 배수구로 빠지면 물이 역류할 우려가 있는 큰 먼지와 쓰레기를 먼저 빗자루로 쓸어낸다.

2 베란다 바닥 전체에 베이킹소다와 세제 푼 물을 뿌린 후 솔로 닦아준다.

3 배수구는 분리시켜서 내부 찌꺼기를 빼내어 버린다.

4 배수구캡과 배수구통은 베이킹소다와 구연산을 뿌리고 뜨거운 물을 부어 찌든 때까지 뺀다. 세탁기와 연결되어 있으면, 연결 캡도 확인하여 같이 청소한다.

5 악취가 심할 때는 EM 원액을 희석해서 흘려보낸다.

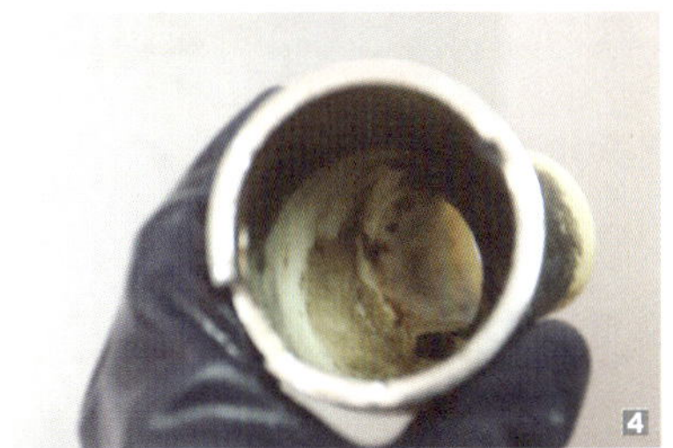

벽 곰팡이 제거

벽에 핀 곰팡이는 염소계 표백제를 묻혀 청소하면 잘 지워진다. 하지만 친환경 재료를 선호한다면, 곰팡이의 진한 정도를 살펴 적당한 재료를 선택해야 한다. 연한 곰팡이는 식초로 닦고, 깊게 스며든 곰팡이는 알코올을 마른 수건으로 툭툭 치듯이 발라주면 곰팡이가 차츰 사라진다. 너무 심한 경우 물티슈에 락스를 묻혀 몇 시간 덮어두고 닦아내도 효과적이다.

타일 줄눈에 낀 곰팡이 제거

타일 벽면에 곰팡이를 닦을 때 가로 눈금마다 곰팡이 제거제를 발라두면, 세로 눈금으로도 골고루 제거제가 흘러내려서 시간과 노력을 절약할 수 있다.

tip 원목 가구의 곰팡이 제거하기

가구에 핀 곰팡이는 베이킹소다, 식초, 알코올을 1:1:1 비율로 섞은 혼합수로 닦아주고, 식물성 오일로 가볍게 닦아 코팅한다.

집안 곳곳 숨어 있는 냄새 제거

음식물 쓰레기 냄새

주방과 연결된 베란다는 음식물 쓰레기 때문에 날파리가 쉽게 생겨서 여름에는 요리하기가 겁날 때가 많다. 하루에 한 번씩 음식물을 버려도 어디서 이런 날파리알이 생기는지 모르겠다. 주방 베란다는 안 좋은 냄새와 해충이 쉽게 생기기 때문에 청결에 특히 신경을 써야 한다.

장마철에 음식물 쓰레기를 제때 버리지 않으면 내용물이 상해서 곰팡이가 생길 수 있어 즉시 처리해야 하지만, 그러지 못할 때가 많다. 이 경우에는 음식물의 물기를 최대한 뺀 후 쓰레기통에 담는다. 싱크대 거름망 중에서 통을 회전시켜 음식물 쓰레기의 물기를 빼주는 탈수기가 생각보다 매우 유용하다.

쓰레기통 바닥에 신문지를 깔고 베이킹소다 1/4컵 정도를 쓰레기 위에 뿌려주면 산성의 악취 성분을 중화시켜서 냄새가 사라진다. 또한 날파리를 막기 위해서 생강껍질로 만든 천연살균제를 수시로 뿌려주는 것도 좋다.

하수구 냄새

각종 오물을 내려보내고, 냄새 차단을 위해 일정한 물이 항상 고여 있는 하수구는 안 좋은 냄새가 나기 쉽다. 이런 고인 물에는 나방이나 모기알 때문에 해충이 생길 수 있으므로 염소계 표백제로 자주 세척한다. 그래도 냄새가 나고 해충이 올라올 때는 하수구 냄새 차단 트랩을 구입하여 설치한다. 그러면 냄새 역류도 막고, 뚜껑이 있어서 해충이 집 안으로 들어오지 못하게 할 수 있다.

일주일에 한 번씩 EM 발효액 한 컵을 천천히 조금씩 부어주면 악취도 덜 생기고, 수질도 좋아져서 자연을 보호할 수 있다.

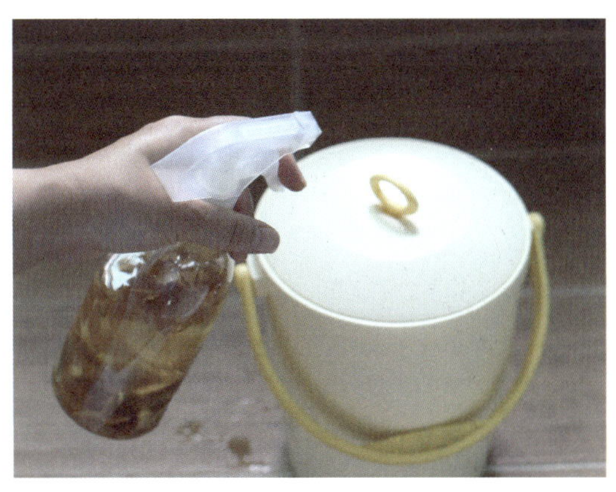

베란다　빨래·건조

장마철에는 빨래의 퀴퀴한 냄새 때문에 고민이다. 어느 날 친구가 이 냄새의 해결법을 나에게 문자로 물었는데, 문자로 답해 줄 수 있는 간단한 문제가 아니었다. 냄새를 제거하는 것은 빨래할 때 뭘 넣는다고 간단히 해결되는 문제가 아니기 때문이다.

세탁조 안이 쿰쿰하고 곰팡이가 살고 있는데, 옷감에만 뭘 넣어준다고 냄새가 해결되지는 않는다. **세탁조 관리, 빨랫감 관리, 빨래, 건조까지 네 박자가 모두 맞아야 냄새가 나지 않는 뽀송뽀송한 기분 좋은 빨래를 할 수 있다.**

빨래

장마철에는 수시로 세탁하는 방법이 가장 좋지만, 여의치 않다면 빨랫감을 포개두지 않아야 한다. 눅눅한 상태에서 포개놓으면 세균이 번식하여 악취와 곰팡이 때문에 옷감이 손상될 수 있다. 따라서 **작은 건조대를 하나 두어 세탁 전에 젖은 빨래를 말려서 보관하도록 한다.**

빨래의 마지막 헹굼 단계에 빨래의 양에 따라 섬유유연제 대신 식초를 2~4스푼 넣는다. 섬유유연제는 습기를 머금어 잘 마르지 않게 하지만, 식초는 잔여 세제를 없애고, 유연제 역할과 함께 꿉꿉한 냄새까지 제거해 준다. 단, 처음부터 식초를 함께 넣으면 세정력이 약해질 수 있으니 꼭 마지막 헹굼 단계에서 넣어야 한다.

건조

빨래를 마친 후 뜨거운 물로 1회 추가 헹굼을 하면 뜨거운 열기가 수분을 빨리 증발시키기 때문에 더 빨리 건조시킬 수 있다. 그리고 빨래를 옆으로 넓게 잡고 털어 1차적으로 수분을 증발시키고 널면 좋다.

건조대에 널 때는 긴 세탁물과 짧은 세탁물을 번갈아 가면서 널어야 바람길이 생겨서 잘 마른다. 바닥이나 빨랫감 사이사이에 신문지를 두거나 선풍기를 틀어 습도를 낮추면 빠른 건조에 도움이 된다.

면으로 된 양말이나 속옷, 티셔츠 등의 세탁물은 전자레인지에 넣어 약 2분 정도 돌리는 것도 도움이 된다. 이때 전자레인지에는 니트나 합성섬유, 금속 부착 섬유, 프린팅 섬유는 절대로 넣지 않는다.

드럼 세탁기의 경우 한 달에 한두 번 열풍 건조를 하는 것도 세탁조 관리는 물론 옷감 습기 제거에도 도움이 된다.

tip 건조 시간 줄이기

빨래를 너는 순서만 바꿔도 건조 시간을 줄일 수 있다. 두꺼운 옷과 얇은 옷, 긴 옷과 짧은 옷을 교대로 너는데, 이때 빨래와 빨래 사이의 공간이 5cm 정도는 되어야 공기 흐름이 좋아져서 빨래가 잘 마른다. 그리고 빨래를 널 때 빨래의 아랫선을 맞추지 말고, 비대칭이 되도록 널어 옷감에 공기가 닿는 부분이 넓어지도록 한다. 주머니가 있는 옷은 주머니를 빼서 말리고, 두꺼운 옷은 윗면이 거의 말라갈 때 뒤집어주면 말리는 시간을 단축할 수 있다.

■ 제습기 사용하기

선풍기는 통풍이 잘 되는 곳에 빨래를 넌 후 사용하는 것이 좋다. 반면 제습기는 통풍이 잘 되는 곳보다 밀폐된 공간에서 사용한다. 방에 빨래를 널고 문을 잘 닫은 후 건조대 방향으로 제습기를 놓고 가동시키면 빠르게 빨래를 말릴 수 있다. 단, 세탁물의 물이 제습기 쪽으로 떨어지면 감전될 수 있으므로 주의한다.

■ 꿉꿉한 상태에서 다림질하기

와이셔츠나 면 소재 빨래는 약간 물기가 있는 상태에서 다림질하면 건조 시간을 줄일 수도 있고, 물을 따로 뿌리지 않아도 되기 때문에 간편하게 다림질할 수 있다. 와이셔츠의 깃과 소매 부분의 경우 다림질해서 널면 잔주름 없이 금방 마르고, 살균 효과까지 있다.

■ 휴지 심지 이용하기

여름철 의류 중에서 PK셔츠나 남방은 좀 더 두꺼운
소재이므로 휴지 심지를 이용해 건조하는 것이 좋다.

`how to`

1 휴지 심지의 끝에서 2cm 정도 가위로 자른다.

2 자른 심지를 세탁소 옷걸이에 꽂는다. 자른 부분
  을 안쪽으로 꽂으면 잘 튕겨 나가지 않게 쉽게 꽂
  을 수 있다.

3 셔츠나 남방을 걸어 말린다. 소매나 몸통이 달라붙
  지 않고 바람길이 생겨서 더 잘 마른다.

집안 구석구석 습기 관리

우리가 상쾌하다고 느끼는 날을 떠올려보면, 얇은 린넨 소재의 긴 옷을 입을 수 있는 햇볕 좋고 살랑살랑 바람이 부는 그런 날이다. **우리가 사는 집도 마찬가지로 상쾌해지려면 구석구석 햇볕도 쐬어주고, 바람도 불어넣어야 한다.**

침실

침실 관리 중 가장 중요한 것은 이불이다. 이불이 눅눅해지면 집먼지 진드기가 생기고, 수면까지 방해할 수 있다. 가장 기본적인 청결 유지 방법은 맑은 날 햇볕에 이불을 바짝 말려주는 것이다. 하지만 장마철에는 비가 온 뒤라 햇빛이 잠깐 나더라도 땅이 마르지 않아서 이불이 더 눅눅해질 수 있으니 해가 뜨고 4~5시간 후에 이불을 말리는 것이 가장 좋다.

여름 장마철에는 이불을 세탁기의 열풍 건조 코스를 사용하여 말릴 수 있고, 겨울철에 사용했던 전기장판이나 온수매트도 좋은 건조기가 된다. 전기장판 위에 이불을 올려놓고 1~2시간 정도 두면 항상 뽀송뽀송한 상태를 유지할 수 있다.

가구

집 안 가구들은 대체로 나무로 만들어졌기 때문에 습기에 취약해서 곰팡이가 피고 불쾌한 냄새가 나기도 한다. 습기와 곰팡이를 제거하려면, 가구의 내용물을 모두 꺼내어 마른 수건으로 깨끗이 닦아내고 틈날 때마다 가구의 문과 서랍을 열어 자연 건조시킨다. 습기가 빠진 가구 바닥에 신문지를 깔아두면, 습기 제거뿐만 아니라 해충 및 세균 방지에 효과가 있다.

곰팡이가 핀 곳은 햇볕에 말린 후 알코올에 식초를 섞어 분무해 닦아내면 곰팡이가 없어지고 다시 생기는 것도 방지할 수 있다. 시판되는 곰팡이 제거제는 간질성 폐질환을 일으키는 구아니딘guanidine 성분이 없는 곰팡이 제거제를 선택해야 한다.

옷장

옷장 속은 옷 때문에 특별히 신경을 많이 써야 하는 곳
이다. 옷장 속에 제습제를 넣어둘 때는 수분이 아래쪽
부터 쌓이기 때문에 반드시 아래쪽에 두는 것이 효율
적이다. 세탁소 비닐에 싸놓은 옷은 비닐을 벗겨 보관
하고, 수분을 흡수하는 신문지나 실리카겔을 옷걸이
에 함께 걸어두는 것이 좋다.

욕실

욕실은 반드시 환풍기를 틀고 사용하고, 사용 후에는
샤워기로 욕실 벽에 뜨거운 물을 뿌린 후 환기시켜야
습기가 잘 날아간다. 욕실의 벽이나 욕조는 베이킹소
다 페이스트를 솔에 묻혀 닦고 뜨거운 물로 마무리한
다. 물때가 끼기 쉬운 타일 틈새에도 곰팡이가 생기지
않도록 관리한다.

현관

현관에 우산꽂이를 준비해 두면 장마철에도 깨끗한
현관을 유지할 수 있다. 우산꽂이는 안 쓰는 장화 또는
화분으로도 대용할 수 있다. 또한 바닥이 지저분해졌
을 때 신문지로 닦으면 먼지와 함께 깨끗하게 닦인다.

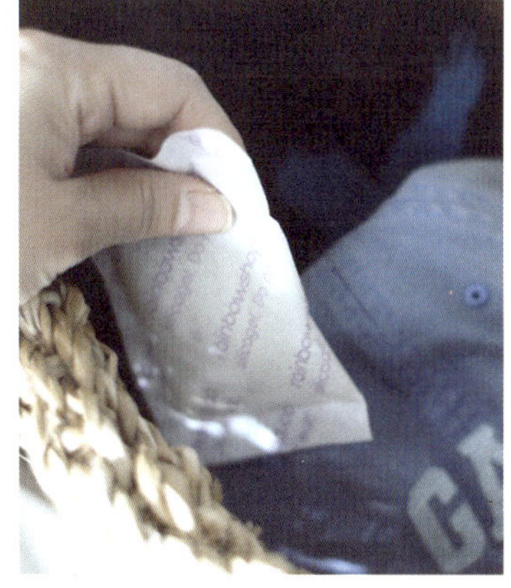

친환경 제습

사실 곰팡이는 사시사철 고민스럽다. 겨울에는 결로 때문에 생기고, 물을 많이 쓰는 화장실에도 조금만 방심하면 곰팡이가 금방 생겨 골치 아프다. 그래도 여름만큼 곰팡이가 고민되는 계절은 없다.

여름철은 고온다습한 환경 때문에 집안 곳곳이 곰팡이의 습격에 노출되어 있다. 우리 집도 베란다 쪽에 곰팡이가 생겨 옆에 있는 작은방까지 스며든 적이 있었다. 베란다가 확장된 부분이라 합판으로 되어 있어 더 금방 스며든 것이다. 절대 지워지지 않을 것 같은 검은 곰팡이를 보니 눈앞이 깜깜했다.

이런 사태가 발생하기 전에 제습에 먼저 신경을 써야 한다. 사고 후 처리도 중요하지만, 그 일이 일어나지 않게 하는 것이 더 중요하고, 그래야 일거리도 줄어든다.

먼저 습도를 낮춰주는 제습에 꼼꼼히 신경을 쓰자. 주변에서 쉽게 찾을 수 있는 것들로도 제습할 수 있는데, 내가 제일 좋아하는 것은 숯이다. 숯은 의외로 효과가 커서 우리 집은 보이지 않는 곳곳에 숯을 놓아두었다. 숯을 안 보이게 숨기려는 의도보다는 습기가 머무는 곳이 이런 곳이기 때문이다. **제습 효과는 염화칼슘 제습제 → 실리카겔 → 신문지 → 숯 → 솔방울 순으로 제습 효과가 크다.**

실리카겔

김이나 과자에 동봉된 제습제가 바로 실리카겔이다. 실리카겔은 싱크대, 신발, 가구 등 좁은 공간에 사용하면 효과적이고, 사용한 후에는 햇볕에 말리거나 드라이어로 건조한 후 재사용할 수 있다.

솔방울

솔방울은 제습 효과가 아주 크지는 않지만, 건조하면 벌어지고, 습하면 오므라드는 성질이 있어서 실내의 습도를 알 수 있는 지표가 된다. 솔방울을 이용할 때는 먼저 뜨거운 물로 소독하고 사용한다.

염화칼슘 제습제

시판되는 제습제를 사용할 수도 있지만, 제습제의 주원료인 염화칼슘을 인터넷에서 쉽게 구할 수 있기 때문에 직접 만들 수도 있다. 염화칼슘은 1kg에 1,500원 정도이고, 1kg이면 5개 정도의 염화칼슘 제습제를 만들 수 있어서 직접 만드는 것이 훨씬 저렴하다.

how to

1 사용하던 제습제의 윗부분에 있는 하얀 종이를 뜯어서 내용물을 비우고 깨끗이 씻어 말린다.

2 비닐장갑을 끼고 염화칼슘이 있던 통에 새 염화칼슘을 1/2 정도 넣는다. 강력한 제습력 때문에 피부의 수분도 흡수해 건조하게 하므로 반드시 비닐장갑을 끼고 작업한다.

3 습기가 통과할 수 있는 한지나 찜시트를 크기에 맞게 잘라 풀로 붙인다.

4 뚜껑을 덮어 마무리한다.

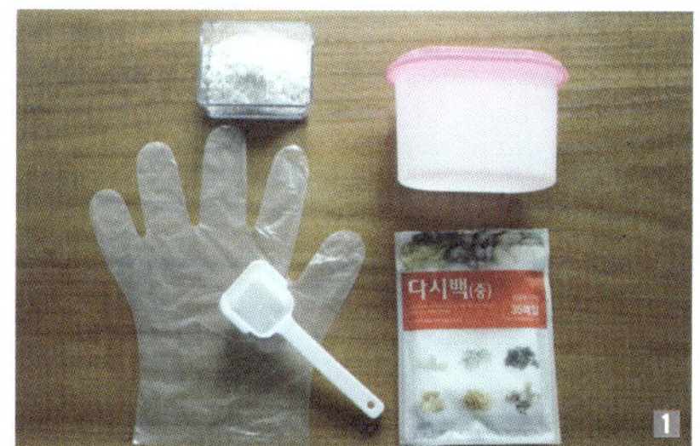

신문지

신발 아래에 신문지를 깔거나, 신발 안에 신문지를 부피감 있게 구겨 넣어 신발의 형태를 유지하면서 곰팡이와 세균 번식을 막을 수 있다. 또 이불 사이에 신문지를 넣어두면 통풍을 도와주고 습기를 제거하는 데 큰 도움이 된다. 니트나 모직류에는 곰팡이나 좀이 잘 생기기 때문에 옷 사이에 신문지를 한 장 넣고 접어서 보관하면 형태를 유지하면서 습기를 제거하는 데 좋다.

숯

숯 100g에 있는 구멍의 표면적을 모두 펼치면, 약 900평이 될 정도로 숯에는 엄청나게 많은 구멍이 있다. 이런 다공질의 참숯은 강력한 흡착력 때문에 공기정화, 탈취, 제습, 여과, 정수, 가습 효과가 있다. 그래서 냉장고나 신발장, 화장실, 반려동물 집 근처에 숯을 두면 좋다.

숯 필요량은 1평에 1kg 정도가 적당하고, 한 달 이상 되면 먼지나 이물질이 쌓이므로 깨끗이 씻고 햇볕에 말려서 재사용한다. 숯은 여름철에는 제습제로, 겨울철에는 물에 담가 가습기로 사용할 수 있다.

가전을 이용한 제습

친환경 재료는 손쉽게 구할 수 있고 경제적이어서 좋지만, 가전제품을 이용한 제습보다 제습력이 좋지 않다. 점점 습해지는 여름에는 전자제품을 적절하게 사용하는 것도 좋다.

선풍기

옷장과 이불장, 싱크대, 베란다 등은 일주일에 한 번씩 문을 활짝 열고 선풍기를 돌려 습기를 제거하는 것이 좋다. 이렇게 환기만 시켜도 습기를 효과적으로 제거할 수 있다.

보일러

장마철에 가끔 보일러를 가동하여 집 안의 습기를 제거하는 경우가 있다. 그러나 어중간한 난방은 오히려 실내를 고온다습한 환경으로 만들어 역효과를 내기 쉽다. 온기 때문에 증발되는 수분과 함께 세균, 곰팡이균이 퍼지면서 실내 공기를 오염시킬 수 있으므로 창문을 활짝 열고 보일러를 틀어 놓도록 하자.

에어컨

에어컨은 실내 온도를 크게 낮추어 절대 습도를 떨어뜨리는 제습법이다. 하지만 에어컨은 장시간 사용할 때 냉방병에 주의해야 하고, 높은 전기료도 신경 써야 한다.

제습기

제습기는 대기 중의 습기를 머금은 공기를 물로 변화시켜서 습기를 제거하고 건조한 공기를 배출한다. 제습기는 에어컨과 원리는 같지만, 실외기가 본체에 함께 있다. 에어컨은 찬 바람이 나오기 때문에 서늘한 장마철 습기 제거용으로는 적당하지 않아 제습기를 많이 활용하고 있다. 하지만 우리 몸의 수분도 빼앗을 수 있다는 것을 유의하고, 필요한 공간에 문을 닫고 사용하면 좀 더 효율적이다. 또한 장시간 사용하면 안구건조증을 유발할 수 있으므로 창문과 방문을 닫고 2~3시간 정도 사용한 후 반드시 환기시키고 벽에서 10cm 정도 띄어서 사용한다.

일상 속 힐링 아이템,
캔들 만들기

캔들의 약한 열기는 습기와 악취 제거에 유용하기 때문에 욕실에 두면 좋다. 한 번쯤은 영화처럼 캔들을 욕실 곳곳에 두고 목욕을 해 보고 싶다.

이전에는 캔들을 만들 때 몸에 좋지 않은 파라핀 왁스를 많이 사용했지만, 요즘은 천연 재료로 만든 소이 왁스soy wax와 팜 왁스palm wax를 많이 쓴다. 왁스 1kg은 약 1,000mL로, 200mL 병으로 5~6개 정도의 초를 만들 수 있다.

용기의 크기와 잘 맞는 심지를 선택하고, 용기가 크다면 2~3개 정도의 심지를 심어 골고루 왁스를 녹이면서 향을 내도록 만들면 좋다. 우드 심지는 요즘 유행하는 장작 타는 소리가 나는 캔들을 만들 수 있다. 만약 병 두께가 두껍다면 우드 심지가 더욱 잘 어울리고 고급스럽다.

준비물 소이 왁스, 천연 에센셜오일, 심지, 용기, 왁스 녹이는 냄비, 온도계, 심지 탭, 심지 스티커

1 심지를 탭에 끼우고 중앙에 고정시킨후 심지 스티커를 붙인다. 심지 스티커가 없으면 양면테이프를 이용하거나, 다른 초를 좀 녹여 나온 촛농을 탭에 묻혀 용기에 붙여도 된다. 우드 심지는 딱딱해서 잘 서 있지만, 스모크리스 심지는 힘이 없어 쓰러지기 때문에 나무젓가락에 심지를 끼우고, 젓가락을 용기에 걸쳐 고정시킨다.

2 소이 왁스는 중탕시키거나 낮은 온도에서 서서히 끓인다. 소이 왁스가 70% 정도 이상 녹았을 때 불을 끄고 잔열로 다 녹인다.

3 녹인 왁스에 천연 에센셜오일을 넣는다. 높은 온도의 왁스에 에센셜오일을 넣으면 향이 다 날라갈 수 있기 때문에 65도 이하일 때 넣는다. 온도계가 없으면 왁스가 다 녹은 후 나무젓가락으로 저었을 때 저항 없이 잘 저어진다면 그때 에센셜오일을 넣는다. 에센셜오일은 왁스의 1/10 정도 넣어준다.

4 왁스가 굳을 때까지 1시간 정도 그대로 둔다. 표면이 매끄럽게 굳지 않았다면 헤어드라이어를 이용해서 표면에 열을 가하고, 다시 윗부분을 성형하거나 드라이플라워를 이용해 꾸밀 수도 있다. 예쁘게 말린 드라이플라워를 왁스의 표면이 흰색으로 변하면서 굳을 때쯤 위에 올려놓기만 하면 된다.

5 긴 심지는 병에 맞게 잘라주는데, 5~6mm로 짧게 잘라 사용하면 그을음 없이 오래 태울 수 있다. 만든 초를 처음 사용할 때는 초의 윗부분 전체가 녹을 때까지 태워야 가운데만 타는 터널 현상을 막고 오래 사용할 수 있다. 코튼 심지는 촛농에 살짝 담가 불을 끄고, 탄 심지는 잘라주어야 그을음이 생기지 않는다.

행운과 비운의 한 끗 차이,
베란다 관리

본격적인 장마철인 7월은 습기가 차기 쉬운 베란다를 더 깨끗하게 신경 써야 하는 시기이다. 창틀 사이에 낀 먼지를 깨끗이 닦아내고, 젖은 신발은 최대한 말린 후 신발장에 보관해서 곰팡이와 습기가 차는 것을 막는다.

베란다를 확장하면 안 좋은 기운을 차단하는 베란다 문이 없어져서 좋지 않은 기운이 집 안까지 들어올 수 있다.

우리 집을 포함해서 많은 집이 베란다를 확장하지만, 안 좋은 기운이 들어올 수 있다는 말에 불안해할 필요는 없다. 베란다를 확장하면 아무래도 열 손실이 커지고, 추운 겨울철에는 집 안이 추워져서 감기에 걸릴 수 있는 정도의 안 좋은 기운을 말하는 것이라고 생각하자. 요즘에는 28mm 복층유리 섀시와 시스템 창호가 출시되어 베란다를 확장해도 이전처럼 많이 춥지는 않다. 다만 좋은 섀시로 제대로 시공했을 경우이므로 베란다를 확장할 때 단열에 유의해서 시공해야 한다.

청소는 풍수의 기본으로, 좋은 운을 불러오는 물청소는 맑은 날에 하는 것이 길하다.

베란다 청소는 반드시 날씨가 좋은 날 하는 것을 권한다. 날씨가 좋은 날 물을 사용해서 청소하고 창문을 활짝 열어 환기를 잘 해야 곰팡이가 생기지 않는다. 우리 집은 외벽에 물이 고여서 얼었다 녹았다 할 정도여서 항상 창문을 약간 열어 환기를 시켜 습기가 생기지 않게 하고 있다.

08
AUGUST

해외여행을 할 때 특히 재미있는 문화 중 하나가 바로 욕실 문화이다.

우리나라는 욕실 문을 꼭 닫아두는 문화인데,

다른 나라, 특히 북미권에서는 안에 사람이 없다는 것을 알리기 위해 평소에 항상 문을 열어두고,

화장실 문 아래쪽에는 30cm 정도 공간을 둔다. 볼일을 보며 힘을 줄 때 발끝에도 힘이 들어가기 마련인데,

누가 볼 것 같아 무척 낯설고 어색해했던 경험이 있다.

그리고 욕실 문화 중 중요한 부분을 차지하는 것이 바로 목욕 문화이다.

그중 최고의 목욕 문화는 바로 따뜻한 온천 문화라고 생각한다.

8월에 남편과 함께 일본 하코네로 휴가를 다녀온 적이 있는데,

한여름인데도 일본 온천만의 따뜻함이 전혀 덥다고 느껴지지 않고 오히려 온몸이 기분 좋게 풀리는 것 같았다.

내가 본 정말 이색적인 욕실은 바로 신혼여행 때 방문한 산토리니에 있는 호텔 욕실이었다.

회벽으로 덮인 심플한 욕실은 마치 내가 그리스신화의 주인공이 되어

동굴에서 신성하게 목욕하는 느낌이 들게 했다.

일본의 노천탕처럼 개방된 곳에서나 자연을 제대로 느낄 수 있다고 생각했는데,

화산 폭발로 생긴 계단 아래에 있는 산토리니 욕실은 마치 알 수 없는

지하 세계로 내려가는 느낌을 주는 이색적인 공간이었다.

산토리니는 정말 욕실 때문이라도 결혼 10주년 기념 때 온 가족이 다 함께 다시 한번 꼭 가보고 싶은 곳이다.

습기 많은 여름철,
욕실 주의보 발령!

뽀송뽀송한 건식 욕실이 좋아 보이기도 하지만
나는 아직 박박 문질러서 시원하게 물청소할 수 있는
우리나라 욕실이 더 좋다.

욕실 기본 정리

욕실은 여러 목적으로 사용할 수 있는 공간이어서 신경 쓰지 않으면 잡다한 물건이 넘쳐날 수 있다. 클렌징 제품을 제외한 기초 화장품을 욕실에 보관하는 경우가 많은데, 이것은 피해야 한다. 정리하기도 힘들지만, 욕실 환경이 고온다습해서 내용물에 영향을 줄 수 있기 때문이다.

방에 머리카락이 굴러다니면 지저분해 보이고 머리카락이 먼지와 쉽게 뭉치기 때문에 방보다 욕실에서 헤어드라이어를 사용하는 것이 좋다. 생리대는 습기를 잘 흡수하고 변질되기 쉬우므로 지퍼백에 넣어 보관한다.

때밀이 수건이나 샤워 볼은 물기와 잔여 거품 때문에 쉽게 곰팡이가 생길 수 있으므로 반드시 깨끗이 씻어 빨래집게로 집어 걸어둔다. **크기가 다른 잡다한 목욕용품은 바구니에 담아 깔끔하게 보관한다.**

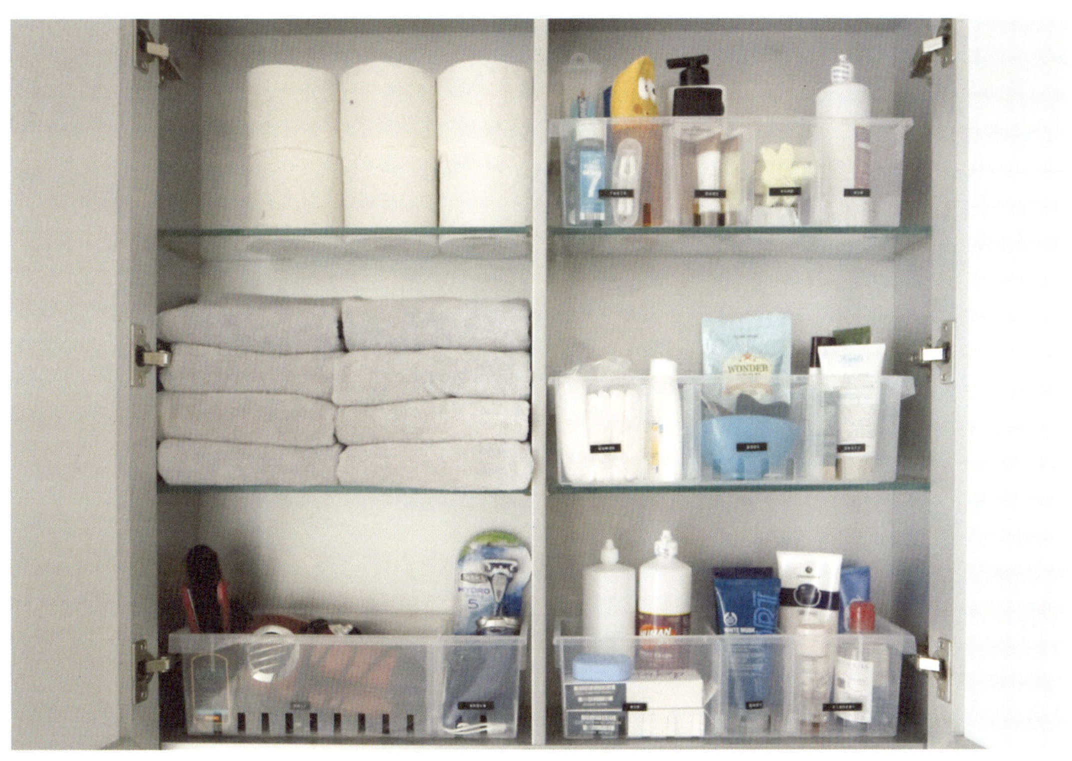

센스 있는 수건 관리·세탁

수건 접기

■ 기본 수건 접기

how to

1 수건을 길이 방향으로 반을 접는다.

2 다시 반으로 접는다.

3 3등분 해서 한쪽으로 접는다.

4 반대쪽 구멍으로 쏙 집어넣어 완성한다.

tip

이 방법은 팬티와 양말을 접을 때도 활용할 수 있다.

■ 호텔식 수건 접기

1 수건을 펼쳐 한쪽 끝을 삼각형 모양으로 접는다.

2 다시 가로로 반을 접고, 뒤집어서 2/3 정도까지만
   접는다.

3 수건을 돌돌 말아준다.

4 뾰족한 끝을 접어 넣어 완성한다.

tip 수건 고르는 방법

호텔에서 사용하는 것처럼 두껍고 톡톡한 느낌의 수건을 원
하지만, 막상 직접 사는 수건보다 사은품으로 받는 수건이 더
많다. 이 경우 질이 제각각이고, 세탁하면 쉽게 뻣뻣해지기도
한다.

만약 호텔과 같은 느낌의 수건을 원한다면 40수 이상, 200g 이
상의 수건을 고르자. 일반 가정에서 사용하는 수건은 20~30
수 정도에 100g이 많아 얇고 가볍다. 40수 이상의 수건은 흡수
력과 부드러운 촉감이 오래 유지되고, 루프(털)의 길이도 긴 털
과 짧은 털이 혼합되어 세탁에 강해서 좋은 느낌을 준다.

수건 세탁하기

수건 세탁법은 수건을 직접 사면서 업체 사장님들과 이야기하며 알게 되었다. 물건 관리법은 인터넷 정보만 믿기보다 구입하면서 직접 직원에게 정보를 얻는 것이 더 정확하다.

■ 단독 세탁하기

수건을 세탁할 때는 번거롭더라도 단독 세탁을 추천한다. 수건에는 잔털이 많기 때문에 다른 옷에 묻을 수도 있고, 다른 옷의 세균이 수건으로 오염될 수도 있기 때문이다.

■ 젖은 수건 보관하기

젖은 수건은 빨래통에 바로 넣지 말고 세탁실에 간이 건조대를 두어 우선 말린다. 수건은 그때그때 세탁하는 것이 좋지만, 빨래통에 바로 넣는 것만이라도 피해서 퀴퀴한 냄새가 나지 않도록 해야 한다.

■ 미온수에 중성세제 사용하기

수건은 푹 잠길 정도로 물을 붓고 세탁해야 때가 잘 벗겨지고, 세탁물에 잔털과 보풀이 달라붙는 것도 막을 수 있다. 미온수에서 중성 세제를 풀어 세탁하면 수건 섬유의 손상을 막을 수 있다. 대부분의 드럼세탁기는 거름망이 없어서 수건의 잔털과 보풀이 다시 붙을 가능성이 높기 때문에 부드럽게 세탁되는 울코스로 맞추고 헹굼 기능을 추가하여 충분히 헹구는 것이 좋다. 잔여 세제 성분은 수건이 뻣뻣해지는 원인이 되기 때문에 최소량의 세제를 사용해야 한다. 세제 회사에서 권장하는 1회 세제 사용량의 절반만으로도 충분히 깨끗하게 세탁할 수 있다.

■ 섬유유연제 대신 식초 사용하기

수건을 부드럽게 만드는 제일 쉬운 방법은 섬유유연제를 사용하는 것이지만, 섬유유연제는 수건의 흡수력을 저하시키는 원인이 된다. 왜냐하면 가닥가닥 섬유의 마찰력을 감소시켜서 잔털과 보풀이 발생하기 때문이다. 섬유유연제 대용으로 식초를 사용해서 헹구면 잔여 세제를 없애면서 유연제 효과도 줄 수 있다.

tip 수건 스팀 건조하기

수건을 오래 쓰려면 미온수에 중성세제를 넣어 빨래하는 것이 좋지만, 색깔이 바랜 듯하고 오염된 수건을 보면 삶고 싶어진다. 이 경우에는 드럼세탁기의 삶는 코스를 이용해 삶고 스팀 건조까지 해 보자. 호텔 수건의 뽀송뽀송하면서도 톡톡한 느낌은 사실 스팀 건조 때문이다. 그리고 수건을 삶는 것은 세탁기 청소에도 도움을 준다.

15분 간단 욕실 청소

욕실은 습기가 많아 물때와 곰팡이가 쉽게 생기기 때문에 늘 신경이 쓰이고 다른 사람에게 보이기 싫은 공간이다. 하지만 반대로 욕실이 깨끗하면, 집 안 전체가 깨끗한 느낌을 주면서 부지런하다는 인상까지 줄 수 있다. 손님이 갑자기 찾아와도 걱정할 필요 없는 간단 욕실 청소법을 익혀보자.

how to

1 선반 위에 있는 잡동사니는 욕실장에 넣어 정리하고, 치약이나 세면도구는 바구니에 넣고 청소하기 편하게 정리한다.

2 볼에 바디샴푸와 베이킹소다를 각 1컵씩 넣고 섞는다.

3 물티슈에 **2**에서 만든 세제를 묻혀 스테인리스 소재의 수전, 도자기 재질의 세면대와 욕조, 변기를 닦는다.

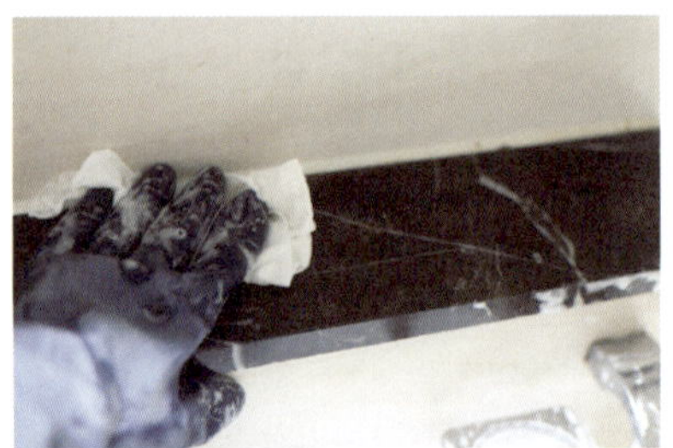

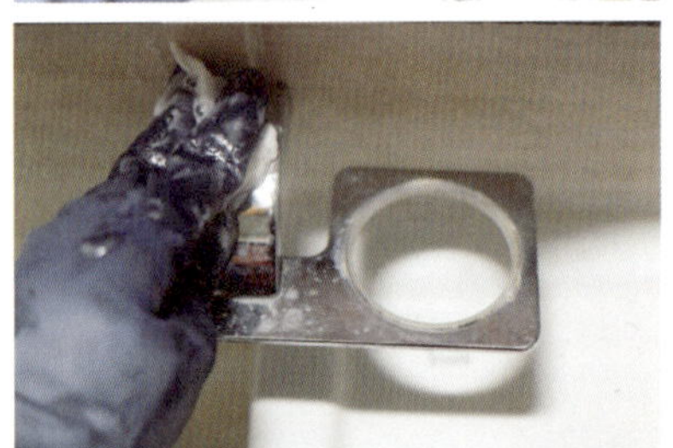

4 바닥의 줄눈은 **2**의 볼에 치약을 추가한 후 칫솔에 묻혀 부드럽게 닦는다.

5 뜨거운 물을 뿌리면서 부드러운 실리콘 소재의 솔로 닦는다. 오염이 잘 지워지지 않는 곳은 베이킹소다를 뿌리면서 청소한다.

6 남은 세제는 물에 풀어 변기의 내부에 버리고 전용 솔로 씻는다.

7 극세사 걸레에 린스를 묻혀 욕실장의 유리를 닦는다. 물얼룩이 남으면 지저분한 수전과 휴지걸이, 그리고 손님이 앉기 편하도록 변기 앉는 부분만 닦는다. 나머지는 스퀴즈로 닦거나 걸레로 닦아 물기를 없애면 좋지만 일일이 닦기 번거롭다면 간단하게 욕실 문을 열어두어 자연환기시키거나 환기팬을 돌린다.

tip

욕실 문은 항상 20~30cm 정도 열어둔다. 가장 간단하고 중요한 욕실 청소법은 욕실 문을 항상 열어두는 습관이다. 습기만 쌓이지 않아도 화장실 청소 횟수가 훨씬 줄어든다.

부분별 꼼꼼 욕실 청소

욕실 거울

욕실 거울은 초극세사 걸레에 린스를 묻혀 문지른 후 닦아준다. 린스는 향도 좋고, 먼지도 달라붙지 않게 해준다. 여기서 걸레의 역할이 중요한데, 먼지가 잘 묻고 털이 잘 빠지는 면이나 극세사 걸레보다는 초극세사 걸레가 좋다.

물때

수도꼭지나 배수구 주변에 얼룩이 생기고 물때가 끼었다면, 천이나 사용하지 않는 칫솔에 치약을 묻혀 닦아준다. 그러면 아주 반짝거리고 윤이 날 만큼 물때가 잘 닦인다. 이 방법은 은제품에도 전용 클리너가 없을 때 간단히 이용할 수 있다.

변기

변기에 묻은 때는 단백질, 전분 등이 엉킨 것으로 잘 지워지지 않는다. 이때 강한 산성인 콜라가 효과적이다. 김빠진 콜라로 때가 낀 변기 안을 골고루 적시고 하룻밤 정도 둔 후 다음 날 아침에 물을 내리면 묶은 때를 말끔하게 없앨 수 있다.

변기는 반드시 일주일에 한두 번 염소계 표백제를 이용해 닦아주는 것이 좋다. 염소계 표백제를 이용하는 것이 친환경적이지 않아도 욕실 변기는 천연세제로 제거할 수 없는 세균이 너무 많다. 이러한 세균은 질염을 일으키게 되므로 반드시 희석한 표백제를 사용하여 청소해야 한다.

변기 구석에 곰팡이가 보이지 않아 힘든 곳은 휘어진 청소솔을 사용하면 편하다. 안 쓰는 칫솔의 바깥쪽을 불에 살짝 그을린 후 칫솔 머리를 잡아당기면 쉽게 휘어진다. 변기 청소솔을 계속 쓰는 것이 찜찜해서 일회용 청소솔로 사용하고 싶다면, 세탁소 옷걸이에 스타킹을 곤봉처럼 두껍게 말아서 청소하고 버리면 좋다. 이때 중성 세제를 묻혀서 충분히 거품을 낸 후 사용하면 때가 더 쉽게 빠진다.

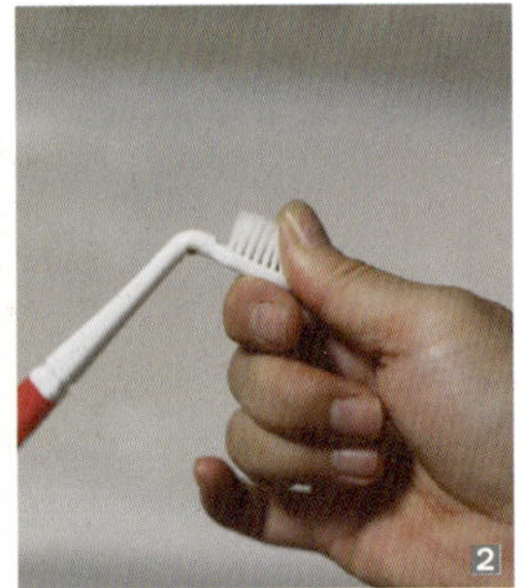
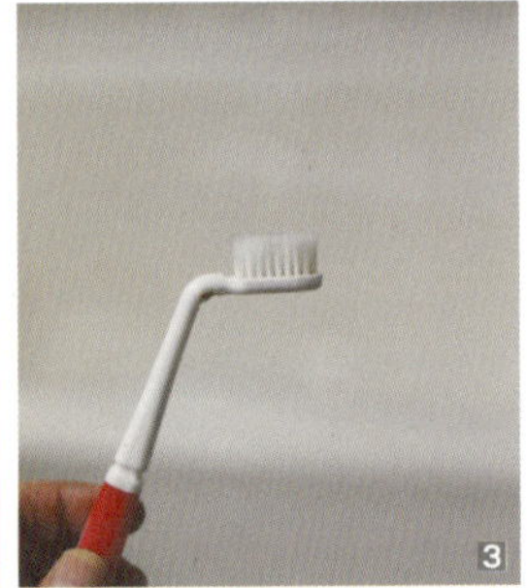

외출했을 때 공중화장실 사용은 정말 조심스럽다. 여성들에게 특히 많은 질병이 옮을 수 있기 때문이다. 이때 피부 자극 없는 살균제를 직접 만들어 에티켓 스프레이통에 휴대하고 다니면 안전하다.

❶ 정제수와 에탄올을 8:2 비율로 섞는다.

❷ 베이킹소다 2Ts과 글리세린 5~10mL 넣고 섞는다.

❸ 휴대용 스프레이통에 담아 휴대하다가 필요할 때 변기에 뿌린다.

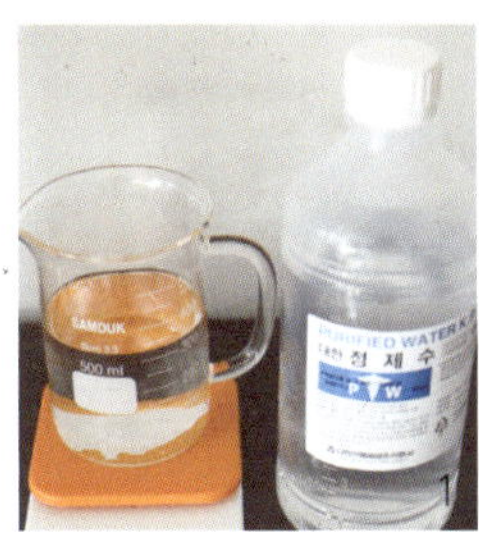

녹

세면대는 물이 자주 닿는 곳이기 때문에 오래 사용하다 보면 녹이 생기는 경우가 많다. 수전뿐만 아니라 배수구와 세면대 하부의 배관 부분도 녹이 자주 생긴다. 이때 일반 세제를 사용하기보다 헝겊에 땅콩버터를 묻혀 녹이 생긴 부분에 살살 문지르고, 베이킹소다를 뿌린 후 걸레에 물을 적셔 닦아주면 녹과 얼룩까지 한 번에 제거할 수 있다.

땅콩버터에는 소량이지만 마그네슘 성분이 들어있어서 급수관 등이 급속하게 녹스는 것을 막아준다. 그리고 땅콩의 주성분인 기름이 금속의 보호막 역할을 해 서 좋다.

수도꼭지에 생긴 석회침전물

수돗물에는 미네랄 성분이 포함되어 있어서 수도꼭지에 석회침전물이 쉽게 생긴다. 이때는 비닐봉지에 식초 1/2컵을 담아 2~3시간 동안 수도꼭지에 매달아 두면 석회침전물이 깨끗하게 제거된다.

욕조

욕조에 묻는 때는 사람의 몸에서 나오는 때와 비누의 지방 성분, 물의 칼슘 등과 같은 금속 성분이 결합되어 생긴다. 이런 때는 시간이 지나면 잘 닦이지 않는다. 따라서 **목욕하고 난 직후에 아직 욕조가 뜨거울 때 닦아야 깨끗이 닦인다.**

how to

1 솜에 아세톤을 묻혀 찌든 때를 먼저 닦아준다. 아세톤이 손에 직접 닿으면, 피부가 민감한 경우 트러블이 생길 수 있으므로 고무장갑을 끼고 사용한다.

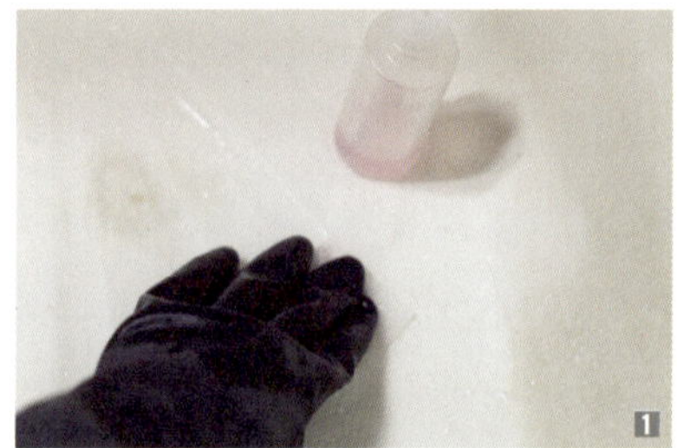

2 식용유를 적당히 묻혀 욕조 전체의 기름때를 제거한다. 식용유 대신 베이비오일을 사용해도 효과적이다. 베이비오일의 유동 파라핀은 고급 화장품과 약품의 기초 원료로 세척제로도 활용된다.

3 스펀지에 바디클렌저를 묻혀 욕조를 전체적으로 닦는다.

4 베이킹소다를 추가해서 닦으면 더욱 효과적으로 연마작용이 발생해서 깨끗하게 청소할 수 있다.

5 따뜻한 물로 욕조를 헹군 후 마른걸레로 닦아서 욕조 청소를 마무리한다.

욕조에 때가 끼는 것을 방지하려면, 입욕제로 베이킹소다 2Ts
를 넣는다. 연수작용을 하는 베이킹소다는 물을 부드럽게 만들
어 욕조의 찌든 때 제거는 물론 몸의 각질과 체취 제거 역할을
한다. 여기에 클렌징오일을 5번 정도 펌핑하여 추가하면, 피부
를 촉촉하게 보호하면서 각질을 제거할 수 있다. 그리고 입욕
이 끝난 후에 욕조 전체를 솔로 닦으면 쉽게 오염이 없어진다.

막힌 배수구

배수구나 변기가 막히면, 콜라를 부어주고 2~3시간
기다린다. 그러면 콜라의 강한 산 성분 때문에 막힌 곳
이 손쉽게 뚫린다.

머리카락이나 이물질이 내부에 가득 쌓여 내려가지
않는 경우에는 직접 빼내는 것이 가장 효과적인 방법
이다. 이물질을 빼낼 때 사용하는 용품은 시중에서도
살 수 있지만, 집에서도 직접 간단하게 만들 수 있다.
케이블타이나 빨대 양쪽에 일정한 간격으로 사선 방
향 칼집을 내고 배수관에 깊게 집어넣었다가 빼내면
머리카락과 뒤엉킨 이물질이 함께 걸려 나온다.

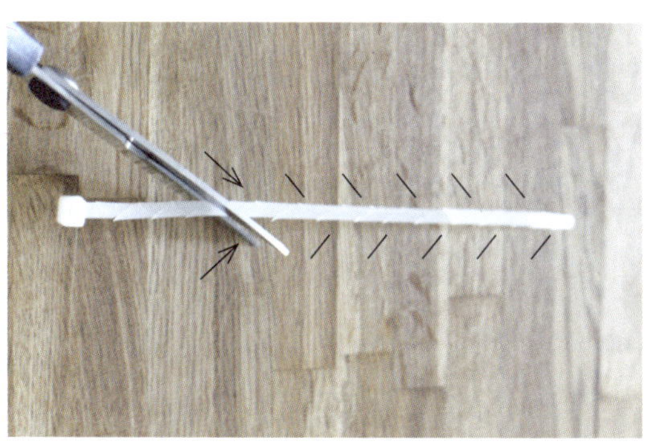

샤워부스

샤워부스에 뜨거운 물을 한 번 끼얹어 때를 불려준다. 흰
얼룩이 심할 때는 거울에 구연산수를 분사하고 깨끗한
수건으로 닦거나 커터날을 비스듬히 눕혀 때를 긁어낸
다. 뜨거운 물에 거품이 나게 푼 주방세제를 스펀지에
적셔 샤워부스를 닦아 청소해 준다.

샤워기 헤드와 노즐

샤워기 헤드를 식초와 뜨거운 물을 1:6 비율로 섞은
물에 1시간 정도 담가두면 구멍에 붙어있던 석회질의
흰 가루가 없어진다.

샤워기 헤드에 흰 가루가 딱딱하게 붙어있다면 수돗물 속에 들
어있는 칼슘 등 불순물이 달라붙은 것이다. 이 경우에는 칼슘
분해 효과가 있는 식초를 이용해서 청소한다. 샤워기 헤드의 구
멍에 단순한 때가 끼었을 때는 이쑤시개로 구멍을 찔러 때를
떨어뜨린 후 헹군다.

심한 곰팡이 때

변기나 수전 근처에 생기는 욕실의 붉은 곰팡이는 물 성분에 있는 녹과 산성 성분, 그리고 인체나 비누의 단백질과 박테리아 등의 성분이 이끼류로 변해서 생긴다. 이때는 구연산수나 콜라와 같은 산성 재료를 뿌리고 청소하면 된다.

천연세제로 실리콘이나 타일 줄눈의 곰팡이를 청소했는데도 지워지지 않는 뿌리 깊은 곰팡이가 있다면, 염소계 표백제를 물티슈에 듬뿍 묻히고 곰팡이가 생긴 부분에 붙인다. 곰팡이 정도에 따라 1~2일 정도 두면 곰팡이가 말끔하게 없어진다. 단, 너무 오래두면 타일이 표백될 우려가 있다.

이렇게 해도 닦이지 않는 실리콘은 떼어버리자. 염소계 표백제로도 없어지지 않는 뿌리 깊은 곰팡이는 타일의 줄눈을 교체하는 것이 효율적이다. 곰팡이가 끼어있는 부분의 실리콘을 떼어낸 후 새로운 실리콘을 채워넣는 것도 좋은 방법이다. 요즘은 다이소나 인터넷에서 실리콘을 재시공할 수 있는 DIY 제품을 많이 팔고 있어 쉽게 구입할 수 있다.

욕실용품 곰팡이

샴푸나 클렌징폼 같은 플라스틱 목욕용품이나 비누 받침대의 바닥면 또는 이것들을 얹어놓는 선반 위 등도 비누 때와 곰팡이가 쉽게 생기는 최적의 장소이다. 특히 샴푸나 바디클렌저처럼 비눗기가 있는 제품은 사용 후 반드시 용기의 바깥 부분을 물로 씻어야 비누 때와 곰팡이를 예방할 수 있다. 목욕용품을 얹어놓는 선반은 온갖 종류의 물기와 손때가 뒤섞여 쉽게 더러워지므로 수시로 닦아야 한다.

타일 줄눈 재시공법

1 커터칼로 오염된 부분을 깨끗하게 긁어낸다.

2 플라스틱이나 안 쓰는 통에 백시멘트를 치약보다
조금 진한 농도로 물과 섞는다.

3 코팅된 장갑을 낀 손으로 백시멘트를 채우고 스펀
지로 닦아내면, 줄눈 사이에 시멘트가 채워지고 남
는 시멘트는 닦인다.

4 타일에 묻은 시멘트는 물에 젖힌 걸레나 헌 옷으
로 깨끗이 닦는다. 시공 후에 시멘트가 남아있으면
커터칼을 옆면으로 눕혀 긁어내고, 하루 정도 건조
시킨다.

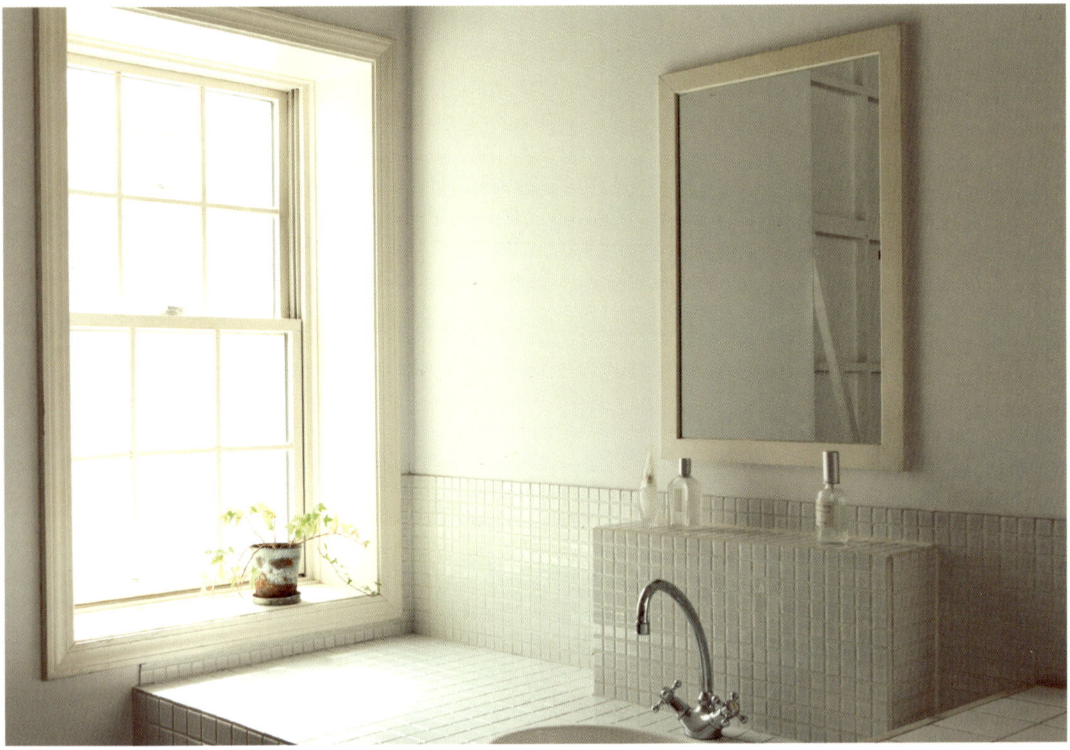

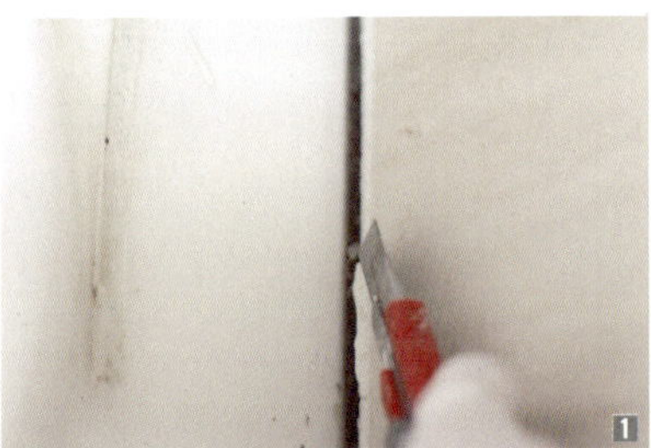

실리콘 재시공법

how to

1 커터칼로 기존 실리콘을 떼어낸다.

2 벽에 붙어 잘 안 떨어지는 실리콘은 칼날만 이용해 옆면으로 기울여서 긁어내면 잘 떼어진다.

1

2

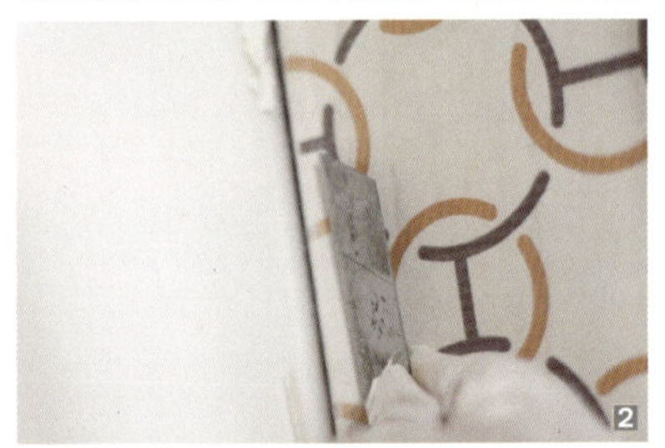

③ 마스킹 테이핑을 한다.

④ 욕실용 실리콘을 실리콘총에 끼우고 입구를 자른
후 칼로 살짝 눌러준다.

⑤ 균일하게 힘을 주면서 실리콘을 시공한다.

⑥ 실리콘을 전용 헤라로 누르면서 모양을 잡는다. 헤
라가 없거나 표면이 울퉁불퉁하면 손가락에 주방
세제를 묻히고 눌러 깨끗하게 모양을 잡아준다.

⑦ 30분 정도 건조시킨 후 마스킹테이프를 떼어낸다.
이때 마스킹테이프의 바깥쪽으로 삐져나온 실리콘
이 있으면 커터칼로 제거한다. 하루 정도 건조하여
완성한다.

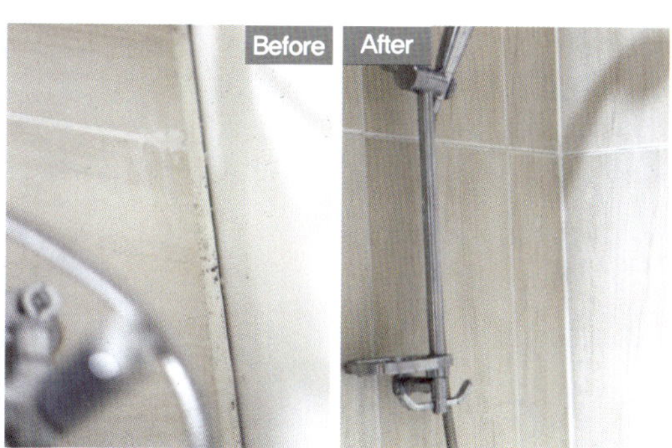

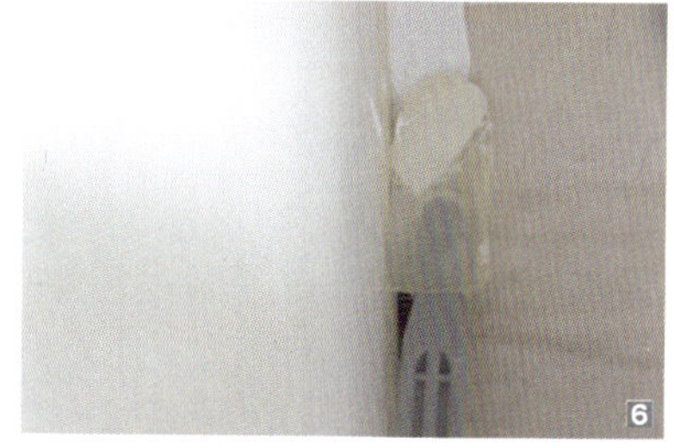

직접 만들어 쓰는
순한 천연비누

천연비누는 공장에서 제작되는 비누와 다르게 방부제나 화학 성분을 첨가하지 않고 만들기 때문에 피부에 자극이 덜하고, 건강하게 세안할 수 있다.

비누베이스를 이용하면 더 쉽게 천연비누를 만들 수 있고, 빨랫비누도 세안비누와 같은 방법으로 저렴하게 만들 수 있다. 보통 천연비누는 흡습력이 뛰어나기 때문에 실리카켈과 함께 한 개씩 비닐 포장해서 보관해야 한다. 그리고 천연비누는 옷장 안에 넣어두면 제습제 역할과 함께 좋은 향을 내는 천연 방향제가 된다. 방부제를 넣지 않은 천연비누는 1년 이내에 사용하는 것이 좋다.

준비물 비누베이스 1kg, 미강유 10g, 글리세린 10g, 미강가루 10g, 라벤더
오일 10방울

1 비누베이스 1kg을 깍둑썰기하고 비커에 넣은 후 약불에서 완전히 녹인
다. 비누베이스가 완전히 녹고 60도 이하가 되면 미강유, 글리세린, 미강
가루 각 10g과 라벤더오일 10방울을 첨가한다. 첨가물이 비누베이스와
잘 혼합되도록 주걱으로 천천히 저어주는데, 빠르게 혼합하면 기포가 많
이 생겨 표면이 고르지 않게 되므로 주의한다.

2 다 섞은 비누 액체를 몰드에 넣고 굳힌다. 몰드에 붓기 전에 에탄올을 뿌
리면 벽면에 생기는 기포를 방지하고, 표면의 기포를 없앨 수 있다. 몰
드가 없으면 우유팩을 사용해도 된다. 다 굳었으면 사용하기 편한 크기
로 잘라 보관한다.

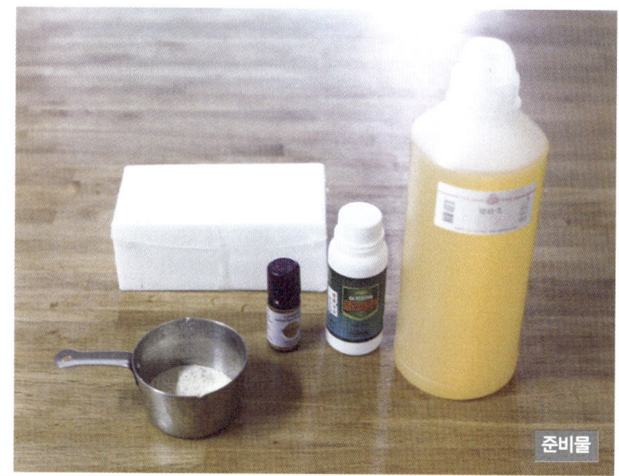

준비물

1

SILICA-GEL
SILICA-GEL
NORDIC FOREST
2

동쪽과 북쪽에
화장실을 두지 않는 이유

귀문, 특히 겉귀문과 창문이 없는 화장실에는 소금을 달아둔다.

욕실의 위치가 동쪽 구석(풍수에서 가장 나쁘다고 하는 동쪽 구석을 '겉귀문'이라고 함)이거나 창이 없는 욕실은 습한 경우가 많다. 구멍이 많아 습기를 잘 빨아들이는 소금을 제습제로 사용하면 좋다. 소금은 사용 후 말렸다가 다시 사용할 수 있다. 소금 대신 냄새와 습기 제거에 좋은 숯을 사용해도 된다. 화장실은 습기가 없도록 유지하고 젖은 수건을 방치하면 안 된다. 욕실에 불(火)에 속하는 양초와 같은 아이템을 활용하는 것도 젖은 기운을 제거하기 위해서이다.

화장실에서 얻은 정보는 큰 도움이 되지 않는다.

화장실에서 책을 읽으면 운기가 떨어진다. 화장실은 액을 털어버리는 곳이므로 그곳에서 얻은 정보는 도움이 되지 않는다. 행복해지고 싶다면 액이 모이기 쉬운 화장실에서 오래 있지 않는 것이 좋다. 요즘에는 화장실에서 스마트폰을 보는 사람이 많은데, 정말 건강에 좋지 않다. 화장실에서 볼일 보는 시간이 15분 이상이 되면 항문 건강이 나빠지거나 변비가 생길 수 있다. 화장실에 갈 때는 아무것도 가지고 가지 않는 것이 대장 건강에 좋다.

북쪽에 욕실이 있으면 애인의 바람기 때문에 고민하는 경우가 많다.

요즘 아파트에서는 보통 남향에 방을 배치하고 해가 잘 들지 않는 북쪽이나 서쪽에 화장
실을 두는 경우가 많은데, 아파트에 사는 모든 사람이 바람기 때문에 고민하고 살지는 않
는다. 화장실이 북쪽에 있거나 창이 없으면 해가 잘 들지 않아 어두운데, 어두운 기운이 가
정의 화목을 막을 수 있다는 이야기로 받아들이면 된다. 조명을 밝게 설치하고, 타일도 밝
은 색상으로 바꿔서 화사한 느낌을 주도록 하자.

Interieur mit Büchern (1921)

CHAPTER 3

AUTUMN

추운 듯 덥고, 더운 듯 추운,
스치듯 지나가는 가을 날씨.
여름이 정신없이 지나고 가을이 오면
친구들을 초대해 여럿이 모여 맛있는 음식을 먹고 싶어진다.
아마 뜨거운 불앞에서 서는 것이
겁나지 않는 날씨 때문일지도.

일단 가을의 맛이 느껴지는
제철 맞은 낙지 손질부터 들어가야겠다.

09
SEPTEMBER

아들에게 엄마도 혼자만의 시간이 필요하다고 말했더니
"엄마는 나랑 같이 있는 게 싫어?" 하면서 깜짝 놀라 눈을 동그랗게 떴다.
가끔 엄마들도 자신을 한없이 이해해 주는 엄마가 필요하고,
살림해 주는 와이프가 필요하고, 혼자만의 시간도 필요하다.

아들이 조금 큰 덕분에 드디어 아직 싱글인 친구들과
송도 센트럴파크가 한눈에 보이는 쉐라톤 호텔에서 하루 묵기로 했다.
금요일 늦게 출발해서 토요일 점심 먹고 헤어지는 짧은 여행이었지만,
나에게는 어떤 여행보다 힐링이 되었다.
창가에 딱 달라붙어 센트럴파크의 야경을 보는 친구들을 보니,
귀여운 미어캣 같으면서도 소녀 같았다.
그런 친구들 때문에 나도 같이 어려지는 기분이었다.
생각해 보면 별것 없었다.
맛있는 저녁을 먹고, 와인을 마시며 이야기하다 잠들었다.
이제는 체력이 딸려서 오래 놀지도 못했다.
일찍 일어나 호텔 조식을 먹고
사우나를 하고 주변을 좀 둘러보고 나니 여행이 끝났다.
맛난 것을 먹을 때마다,
좋은 것을 볼 때마다 문득문득 나는 가족 생각은 어쩔 수 없었지만
혼자라는 것, 누구를 챙기지 않고 자유롭다는 것,
오롯이 나를 위한 시간이었다는 것이
내 요즘 일상과는 완전히 달라 나에게는 특별한 즐거움이 되어 주었다.

나만의
작업 공간, 서재

흔히 남자에게는 자신만의 동굴이 필요하다고들 한다.
혼자서 쉬고, 생각하고, 정리하고
다시 힘을 얻을 공간이 필요하다고.
그런데 그게 남자에게만 해당하는 이야기일까?

서재의 핵심 가구, 책상과 책장 배치·정리

책상

서재 가구는 기본적으로 책상을 기준으로 배치하는 것이 좋다. 서재는 아무래도 책을 보는 시간이 많기 때문에 **채광 효과가 가장 높은 곳에 책상을 배치한다.** 창을 오른쪽에 두고 책상을 배치하면 그늘이 생기지 않아 오랫동안 편하게 책을 볼 수 있다.

책장

책장은 무거운 책을 수납하는 가구이기 때문에 견고함이 가장 중요하다. 그리고 현재 가지고 있는 책의 양과 앞으로 늘어날 책의 양을 고려해서 책장을 구매하는 것이 좋다.

책장을 배치할 때는 책상과의 동선을 고려해야 한다. 그리고 소음이 가장 심한 벽 쪽으로 책장을 배치하면 소음을 차단해 주는 효과가 있다.

tip 편안하게 집중할 수 있는 서재 조명 배치하기

공부할 때는 시선을 한 곳에 오랫동안 집중하는 경우가 많기 때문에 조명이 너무 밝으면 쉽게 피로해지고 집중력도 떨어진다.

컴퓨터를 사용할 때도 모니터와 주변 밝기를 비슷하게 조정해야 한다. 밝기 차이가 커지면 눈꺼풀 떨림 증상이 나타나거나 시력이 떨어질 수 있으므로 주의한다.

책상에 조명을 둘 때는 조명갓을 눈높이보다 낮게 설치한다. 그림자가 덜 생기게 하려면 오른손잡이는 책상의 왼쪽 앞에, 왼손잡이는 책상의 오른쪽 앞에 조명을 놓는다.

책 정리

■ 공간에 여유를 둔다.

책장에 책만 빡빡하게 많이 꽂을 필요는 없다. 작은 인테리어 소품이나 취미생활로 수집하는 물건, 피규어 같은 것들을 눈에 잘 띄는 곳에 진열하면, 책장이 더욱 낭만적인 공간이 될 것이다.

■ 표지가 예쁜 책으로 책장을 꾸민다.

특별한 인테리어 소품이 없다면, 시선이 잘 가는 곳에 표지가 예쁜 잡지나 책을 앞을 향하게 해서 꽂는다. 이렇게 하면 인테리어 효과가 우수한 디자인 포인트가 될 수 있다.

■ 책의 앞선을 맞추어 꽂는다.

각각 크기가 다른 책을 선반 안쪽으로 밀어 넣어 책의 뒤쪽에 맞추어 꽂으면, 책이 들쑥날쑥하게 꽂혀서 오히려 지저분해 보인다. 하지만 책의 앞선에 맞추어 꽂으면 말끔하게 정리되어 보인다.

■ 크고 무거운 책은 아래쪽에 꽂는다.

크기가 크고 무거운 책은 아래쪽에, 작고 가벼운 책은 위쪽에 꽂아 안정감 있게 책과 소품을 정리한다.

■ 서점처럼 책을 눕혀 진열한다.

책등이 너무 화려하면 눕혀서 책을 진열한다. 시리즈로 표지가 예쁜 책은 책등이 보이게 눕혀서 진열하면 새로운 분위기를 연출할 수 있다.

서재의 다양한 아이템 정리

명함

모으기만 하고 잘 보지 않은 명함책이 수두룩하다. 이럴 때는 **스마트하게 명함 관리 앱을 사용해 보자.** 나는 '리멤버' 앱을 쓰는데, 이 앱은 핸드폰과 PC에서도 사용할 수 있다. 사진만 찍으면 명함에 있는 상세 정보가 각 항목에 자동으로 기입되고, 명함을 쉽게 공유할 수 있다. 특히 전화를 수신 및 발신할 때 명함이 화면에 나타나고 상대방에 대한 중요한 특징을 메모한 것도 볼 수 있다. 다양한 명함 정리 앱이 많으므로 자신에게 맞는 앱을 사용하면 된다.

영수증

각종 고지서나 지로는 인터넷 계정을 별도로 만들어 인터넷 청구서로 받아 정리하면 편리하다. 결제도 인터넷으로 계좌이체하고, 보낸 항목을 기입해 놓으면 기록이 오래 남기 때문에 편리하게 관리할 수 있다. 그 외 지출 영수증도 앱을 사용해 관리할 수 있다. 내가 사용하는 '자비스' 앱은 카메라로 영수증을 촬영해서 업로드만 하면 내역과 금액이 자동으로 입력되어 저장된다.

쿠폰

백화점이나 화장품 할인 쿠폰과 차량 관련 쿠폰이 책상에 굴러다니거나 지갑을 쓸데없이 두둑하게 만드는 경우가 많다. 이 경우에는 **종이 쿠폰보다 모바일 쿠폰을 활용하자.** '시럽' 앱은 자신의 각종 멤버십 카드를 다운로드할 수 있고, 앱을 통해서 적립도 가능하며, 발급되는 다양한 쿠폰도 받을 수 있다. 자주 쿠폰이 발행되는 곳이면 카카오톡으로 친구 추가를 해서 알림을 받으면 좋다.

각종 서류

각종 홍보물은 확인 즉시 버리고, 나중에 정보가 될 것 같은 서류는 스캔한 후 제목에 내용을 간략하게 입력해서 보관하면 좋다. 회사에서도 이와 같은 방법으로 서류를 데이터로 남기고 나머지는 파기한다. 집에서는 핸드폰으로 사진을 찍어 서류의 내용을 저장한다. 주소나 개인 정보가 적힌 종이는 찢어서 버리거나 분쇄하여 일반 쓰레기봉투에 버린다.

파일

파일로 개별 서류를 정리할 때도 파일통에 보관하면 깔끔하게 정리할 수 있다. 이때 파일통의 앞면이 빼기는 쉽지만 뒷면으로 꽂아 정리하면, 낱개의 파일들이 보이지 않아 더욱 깔끔해 보인다. 그리고 파일의 종류가 많은 경우 파일 목록을 적어 놓을 수도 있다.

사진

사진은 출력하기보다 데이터로 정리하고, 연별, 월별로 정리하여 USB 같은 이동식 저장 장치에 옮겨서 보관한다. 아이들 사진첩은 1년에 한 번씩 포토북을 만들어 보관하는 것도 좋다. 포토북은 대량으로 사진을 인화해 앨범에 넣어 보관하는 것보다 가격이 저렴하다. 그리고 포토북은 그냥 앨범과 달리 그날의 느낌이나 기록을 적을 수 있는 책 형태로 제작 가능해 사진이 사실감 있게 느껴지면서 내 인생을 기록한 중요한 책으로 남길 수 있다.

전자제품

서재에 있는 전자제품은 잡동사니의 주범이다. 굴러다니는 이어폰, 구버전의 스마트폰, 인터넷 공유기, CD 플레이어 등인데, 앞으로 쓸 일이 없는 전자제품이라면 과감히 버리거나 중고로 팔아버리자.

가정에서 가끔 팩스가 필요하다면, 지역주민센터를 이용하거나, 스마트폰에서 모바일 팩스 앱을 사용한다. 나는 SK에서 운영하는 모바일 팩스를 사용하는데, 핸드폰 문자 요금으로 팩스를 송·수신할 수 있고, 전용팩스 번호도 받을 수 있어서 업무상으로 사용해도 손색이 없다. 또한 모바일 팩스여서 장소에 구애받지 않는다는 장점도 있다.

오래된 잡지

업무 때문에 잡지를 구독하거나, 사은품을 받기 위해 잡지책을 사는 경우가 있다. 과월호에 필요한 부분은 스크랩하거나 스캔해서 파일로 보관하고 나머지는 기부하거나 중고책으로 판매한다.

서재 청소

책 먼지 없애기

오래된 책에 있는 먼지는 기관지에 좋지 않은데 책 위에는 커버가 없기 때문에 낱장 사이에 먼지가 끼기 쉽다. 그렇다고 물걸레로 청소하면 책이 더러워질 수 있어서 청소하기도 까다롭다. 이 경우에는 물걸레질 대신 고무장갑을 끼고 그 위에 목장갑을 낀 후 다시 스타킹을 손에 낀다. 이 상태에서 스타킹으로 걸레질하듯이 먼지를 닦아내면 된다.

책 곰팡이 냄새 없애기

오랜 시간 보지 않고 책장에 꽂혀있는 책에서 쾌쾌한 곰팡이 냄새가 날 수 있다. 버리기 아까운 책이면 베이킹소다를 페이지 사이사이에 뿌려두고, 며칠 후에 가루를 털어내면 곰팡이냄새가 없어진다.

젖은 책 말리기

수건으로 젖은 책을 살살 눌러가면서 물기를 없애고, 냉동실에 넣어둔다. 책은 식물에서 추출한 섬유질을 압착해서 평평하게 만드는 것이므로 물이 닿으면 섬유질이 다시 흐트러지기 때문에 쭈글쭈글해진다. 그런데 다시 책을 다시 냉동시키면 좁아진 섬유질 틈이 다시 늘어나기 때문에 책을 원상태에 가깝게 되돌릴 수 있다. 어느 정도 책이 복구되었으면 바람이 잘 통하는 곳에서 자연건조시킨다.

컴퓨터 마우스와 키보드 청소하기

컴퓨터의 키보드에 화장실 세균보다 더 많은 세균이 산다고 한다. 키보드는 한 번에 몰아서 깨끗이 닦는 것보다 물티슈로 가볍게라도 수시로 자주 닦아주는 것이 좋다.

키보드를 제대로 청소하려면 붓을 이용해 키보드 사이사이의 먼지를 털고, 안 쓰는 카드를 손소독 물티슈로 감싸 자판 구석구석 닦아준다.

마우스는 클릭하는 곳에 먼지가 끼어 쌓이면 오작동의 원인이 되기도 한다. 마우스의 겉면을 소독하는 느낌으로 닦고, 무선 마우스는 레이저가 물에 닿지 않도록 조심해서 청소한다.

tip 공기분사기로 PC 내부 청소하기

PC 내부에 쌓인 먼지는 전원장치와 냉각팬의 작동을 방해한다. 팬의 날개와 모터에 먼지가 쌓여 있으면 잡음이 많이 나고 성능이 떨어져서 느리게 작동되거나 고장날 수도 있다. PC 내부를 청소할 때는 먼저 전원을 끄고 PC 본체를 분해한 후 카메라에 사용하는 공기분사기를 이용해 먼지를 털어낸다.

가구 흠집 제거하기

색에 잘 맞은 미술용 마커를 사용하여 흠집을 가릴 수 있다. 가구의 결에 따라 마커를 바르고 재빨리 손가락으로 문질러주면 자연스럽게 연결되어 흠집이 가려진다.

원목 가구에 흠집이 나서 나무 속의 밝은색이 보여 표가 많이 난다면 커피 찌꺼기로 문질러 겉면의 색상과 같이 진한 색으로 만들 수 있다.

원목 가구에 얇게 흠집이 났다면 호두 알갱이로 흠집을 문질러서 호두의 섬유질로 메꿔준다. 호두 알갱이로 문지르는 정도여서 혹시나 알갱이가 끼어서 썩을까 하는 걱정은 하지 않아도 된다.

의자 흠집 제거하기

사무용 의자는 인조가죽으로 제작된 경우가 많고 손잡이나 등 부분에 흠집이 나기 쉽다. 이때 의자의 가죽과 색이 같은 유성펜으로 칠하면 흠집을 가릴 수 있다. 또는 같은 색의 구두약을 살짝 바르고 마른 수건으로 닦으면 넓은 부분의 자잘한 흠집을 가릴 수 있다.

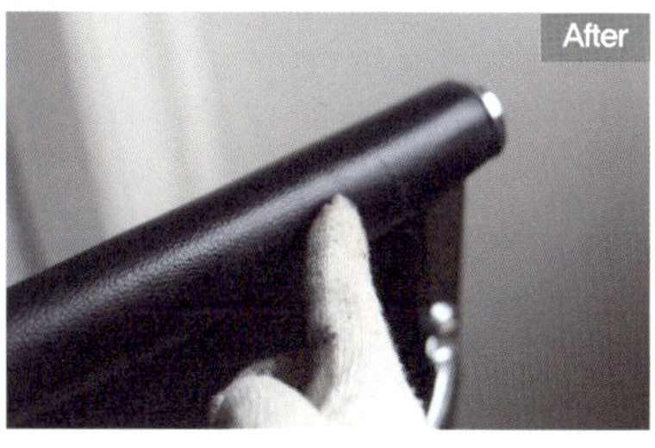

정리·정돈으로 재탄생한 작업실 공간

서재나 작업실이라고 하면 제대로 된 방 하나는 있어야 할 것 같지만, 간단히 컴퓨터 하고 잠깐 즐기는 취미활동에 필요한 소품을 두는 것만으로도 훌륭한 공간이 된다. 우리 집 곳곳에 있는 숨은 공간을 찾아낸 후 주변 정리만 잘해서 나만의 공간으로 만드는 것은 어렵지 않다. 폭이 좁은 책상과 작은 의자만 있다면 어디든지 나만의 공간이 된다.

거실 창가

요즘 북카페 콘셉트로 거실에 큰 책상을 놓고 온 가족이 함께 하는 공간을 만드는 집이 늘고 있다. 이렇게 배치하면 가족이 함께하는 시간이 늘어나고, 아이들은 책상에 앉아 있는 습관을 기르게 되어 좋다.

코너 공간

방과 방 사이에 코너 공간이 생기는 경우가 있다. 이런 공간은 흔히 전시 공간이 되지만, 여기에 폭이 좁은 책상을 놓고 사용하는 것도 좋은 방법이다. 공간이 협소하고 폭이 좁기 때문에 크기가 잘 맞는 책상을 고르는 것이 중요하다.

베란다

베란다는 특성상 사계절 내내 서재 대용으로 이용하기에는 무리가 있다. 하지만 날씨가 좋은 날에는 오히려 계절감을 제대로 느끼면서 작업할 수 있는 좋은 공간이 바로 베란다이다.

우선 베란다에 타일이나 매트를 깔아 바닥의 찬 기운을 막고, 낮은 테이블과 화분을 놓으면 서재보다 더 분위기가 난다. 꼭 책상이 아니어도 선반을 하나 꽂을 만한 공간이 있다면, 무지주 선반을 설치해 책상으로 사용할 수 있다.

style up

명절 살림 노하우!

스트레스 덜 받고 똑똑하게 장보는 비법

■ 컴퓨터로 시세 확인하기

재래시장 중에서도 질 좋고 저렴한 곳, 마트 세일 정보와 항목별 시세를 미리 알고 간다면 현장에서 살까, 말까 고민하지 않고 훨씬 쉽게 구매를 결정할 수 있다. 대체로 농수산물은 직접 발품을 팔아 제품의 상태를 보고 사는 것이 좋다. 하지만 공산품은 명절 기획 상품으로 제작되어 인터넷에서 저렴하고 배송이 빠른 곳이 많으므로 잘 선택해서 이용한다.

■ 재래시장 이용하기

나는 농산물 도매시장을 즐겨 찾는데, 도매시장에서도 소매장사를 하는 곳이 있어서 소량도 아주 저렴한 가격에 살 수 있다. 내가 다니는 시장에는 마트용 카트가 있어 장을 본 후에 자동차까지 카트를 끌고 갈 수 있어 장보기가 힘들지 않다. 게다가 택배 서비스를 해 주는 곳도 있으니 재래시장을 적극 이용해 보자.

■ 공동구매 이용하기

평소에도 대형마트에서 물건을 대량으로 사서 인터넷 카페나 지인들과 소분할 수 있지만, 명절에는 함께 뭉치면 더 싸게 살 수 있다. 과일이나 음식도 함께 사서 나눠도 좋다. 홈쇼핑에서도 명절 상품을 많이 세일하는데, 이때 홈쇼핑 메이트가 있다면 나눠 써도 좋다.

■ 추석 선물은 배송 기간을 넉넉히 두고 주문하기

추석 때는 배송이 오래 걸린다. 어른이나 주변 분들에게 선물하기 위해 준비하는 것인데, 명절 지나고 배송된다면 정말 낭패일 것이다. 그러므로 추석 선물만은 열흘 정도 전에 미리 준비한다.

■ 구입처와 시기를 다르게 해서 주문하기

한 번에 장보기를 끝내려면 양도 많아지고 힘들다. 특히 명절 직전에는 가격이 더 비싸지므로 준비 단계에 따라 명절 열흘 전부터 2~3회 나눠서 장만하면 좋다. 열흘 전에는 밀가루, 식용유, 당면 등 공산품을 마트나 인터넷 행사를 통해 구입한다. 한과나 생선, 인삼 등은 우체국 쇼핑을 활용하는 것이 좋고, 저장이 가능한 말린 식자재는 미리 준비한다.

■ 소고기

소고기는 전체적으로 색상이 선명하고 핏물이 지나치게 빠지지 않은 것을 골라야 누린내가 나지 않는다. 그리고 기름 부위가 적어야 소고기를 조리할 때 쉽게 굳지 않는다.

■ 조기, 굴비

조기와 굴비는 1cm 크기마다 가격 차이가 크므로 크기와 무게를 꼼꼼히 비교한다.

■ 시금치

시금치는 길이가 짧고, 줄기가 통통하며, 잎이 물러지지 않은 것을 산다. 특히 한 단씩 들어본 후 더 묵직한 것을 골라야 삶았을 때 양이 덜 줄고 단맛도 강하다.

■ 불린 고사리

불린 고사리는 길이가 짧고, 통통하며, 색이 지나치게 검지 않으면서 모양이 흐트러지지 않은 것을 산다.

남은 추석 음식 보관법

■ 송편

송편은 한 번에 먹을 만큼만 지퍼백에 넣어 보관한다. 냉
동실에 넣어둔 송편은 그냥 해동해서 먹거나 프라이팬에
기름을 둘러 강정처럼 튀겨 먹어도 맛있다.

■ 고기

고기는 시간이 지날수록 신선도가 떨어져서 색이 변한
다. 하지만 식용유를 고기에 살짝 바르면 고기에 보호막
이 형성되어 세균 침투를 막고 좀 더 오래 보관할 수 있다.

■ 전, 부침

전과 부침은 공기에 닿으면 기름이 산화되어 우리 몸에
안 좋은 활성산소를 만들게 되므로 공기와 닿지 않게 밀
폐 용기에 담아두는 것이 좋다. 종류별로 구분해서 랩에
싼 후 밀폐 용기에 담아서 보관한다.

■ 잡채, 나물

잡채는 밀폐 용기에 보관했다가 프라이팬에 볶아 먹는다. 나물은 상하기 쉬우므로 오랫동안 보관하
지 말고 가급적 빨리 먹는 것이 좋다.

■ 생선

생선은 비린내 때문에 보관하기 까다롭지만, 깨끗이 씻어서 거즈나 키친타월로 물기를 제거하고 소
금을 뿌려서 랩으로 싼 밀폐 용기에 보관하면 된다. 하지만 찜으로 조리한 생선요리는 바로 먹는 것
이 가장 좋고, 먹고 남은 경우 살을 발라 탕으로 끓이거나 튀겨 먹는다.

몸과 마음을 편안하게 하는
방향과 향

방문을 등지게 책상을 배치하면 가정의 화목이 깨질 수 있다.

방문을 등지게 공부하는 책상을 두면 아이는 감시받는 느낌이 들고, 문이 열릴 것 같은 불안감이 생기므로 방문을 마주 보는 방향이나 문 옆으로 책상을 두는 것이 좋다. 아마 불쑥 문 열고 공부하고 있느냐고 묻는 부모의 행동이 반복된다면 가정의 화목이 깨질 수 있으므로 주의한다. 무엇보다 편안하고 안정된 환경에서 공부하는 것이 아이를 위한 것임을 명심한다.

**사업운을 높이고 싶으면 민트향, 금전운을 좋게 하고 싶으면 감귤향,
인간관계를 좋게 하고 싶으면 달콤한 플로럴향을 사용한다.**

사용할 때 좋은 일이 생겼던 향은 무의식중에 일에 대한 기대감이나 의욕을 높인다. 향은 색만큼이나 심신에 미치는 영향이 크기 때문에 아로마의 효과와 효능을 정확하게 알고 사용하는 것이 좋다. 서재나 공부방에 좋은 아로마향은 집중력을 높이는 티트리오일이 적당하고, 심신의 안정이 필요할 때는 라벤더오일이 좋다. 오일은 피부에 심한 자극이 되지 않도록 피해야 하고, 가습기 살균제와 함께 넣어서 사용하면 안 된다.

10
OCTOBER

10월을 기다리는 재미, 핼러윈~

매년 10월 31일, 고대 켈트족의 축제에서 유래되었다는 이날은 죽은 이들의 혼을 달래고

악령을 쫓았다는 본래의 의미보다 유령이나 괴물 분장을 하고 즐기는 축제의 날이 되었다.

특히 아이들에게는 다양한 분장을 한 채 이웃집을 돌아다니면서

"과자를 안 주면 장난칠 거야!(Trick or Treat!)"라고 말하고 사탕과 초콜릿을 얻는 즐거운 파티 날이다.

핼러윈을 기다리며 '핼러윈 단호박 파이'를 만든 아들은

며칠 냉동실에 두어야 맛있다는 케이크 때문에 냉장고를 열었다 닫았다 하며 군침만 흘렸다.

친한 동네 엄마들끼리 아이들이 사탕을 대량 득템할 수 있는 기회를 만들어 주기로 했다.

갑자기 하기로 한 이벤트라 준비할 시간이 부족했지만, 다행히 요즘은 핼러윈이 워낙 대중화된

파티여서 근처 마트에 가니 재료가 많았다.

마녀 모자만 하나 써도 제법 핼러윈 느낌이 나니까 괜찮았다. 아들은 열심히 테이블 매트도 만들고,

먹거리를 준비하며 엄청 신나했다.

엄마들의 솜씨가 대단했다. 아이들을 예쁘게 입히거나 집을 재미있게 꾸미는 것은 기본이고,

신나는 게임까지 준비한 엄마도 있었다. 그냥 현관 앞에서 "Trick or Treat!" 영어 한마디 하고

사탕을 받고 가는 게 아니라 각 집에 들러 재미있는 퀴즈나 게임을 하는 것이었다.

사탕 바구니는 금세 가득 찼고, 아이들은 더 큰 바구니를 준비하지 못해서 아쉬워했다.

아이들의 마음속 행복도 흘러넘쳤을 것으로 믿는다.

우리 집 첫인상,
현관을 깨끗하게!

우리 집 현관으로
좋은 바람이, 좋은 소식이, 좋은 사람이
많이 들어오면 좋겠다.

현관 정리

풍수지리학에서는 집으로 들어오는 현관을 굉장히 중요하게 여긴다. 현관은 승진과 성공 같은 진로의 길이 오가는 통로로 여기기 때문이다. 그래서 현관을 어둡지 않고 좋은 기운이 모일 수 있도록 최대한 밝게 꾸민다.

신발은 신발장에 가지런히 정리하여 깔끔한 현관을 만드는 것이 좋다. 그리고 좋은 기운이 냄새와 섞여 나쁜 기운으로 바뀐다고 하므로 아무런 냄새가 나지 않게 하는 것도 중요하다. 신발장 위는 최대한 심플하게 정리하고, 꽃장식을 하는 것도 좋다. 화병의 경우 밑에 깔개를 깔아두면 운이 좋아 진다고 한다.

굳이 풍수지리가 아니어도 신발을 가지런히 정리하고, 밝은 느낌의 가구로 입구를 환하게 하면 좋다. 이왕이면 다른 곳보다는 조금 소홀할 수 있었던 집 안팎을 이어주는 현관을 환하고 정돈된 느낌으로 신경 써 보자. 현관에 신발이나 우비, 장난감 등의 여러 물건을 늘어놓지 않아야 하고, 가족 수가 많아 신발장이 부족하다면 작은 신발장을 별도로 두어 깔끔하게 수납한다.

현관 바닥 청소

현관은 집에 들어왔을 때 처음 만나는 곳으로, 바닥을 항상 깨끗하게 관리하는 것이 좋다. 빗자루로 큰 먼지를 쓸어내고 구연산수를 뿌린 후 신문지를 덮어준다. 신문지 위에도 구연산수를 분무해서 바닥 오염이 잘 닦이게 한 후 10분 정도 먼지를 불리고 신문지로 바닥을 청소한다. 마지막으로 마른걸레로 물기를 닦아서 없앤다.

신발장 수납

반복되는 이야기이지만 **신발장 공간 확보의 최대 비결은 비우기이다.** 2년 이상 신지 않는 신발은 버리고 겨울에 신는 부츠나 여름 샌들 같이 계절 신발은 잘 정리해서 창고에 보관한다.

신발장 정리 기준

■ 사용 빈도별

신발장의 제일 윗칸과 제일 아랫칸은 손이 잘 닿지 않는 곳이기 때문에 잘 신지 않는 신발과 등산화 정도를 보관하는 것이 좋다. 신발장의 중앙에는 평소에 자주 신는 신발을 둔다.

■ 가족 구성원별

옷장에서 가족 구성원별로 영역을 정했던 것처럼 신발장도 구성원별로 정리한다. 예를 들어 키가 큰 아빠 공간은 위쪽, 엄마 공간은 가운데, 아이 공간은 아래쪽과 같이 구성원의 키와 신발의 수에 맞춰 신발장의 수납 공간을 구성하면 좋다.

신발장 정리 방법

■ 선반의 높이를 조정한다.

신발장은 선반의 높이를 조절할 수 있는 경우가 많다. 신발의 높이가 딱 맞도록 높이를 조절하여 데드 스페이스dead space를 줄이고, 긴 부츠나 장화는 세워 수납한다. 만약 선반을 조절할 수 있는 구멍은 있는데 나사가 없다면, 인터넷이나 다이소에서 다보나사를 구입하여 사용한다.

■ 이중으로 신발 수납이 가능한 랙을 활용한다.

신발을 한 켤레씩 보관하는 랙과 한쪽씩 보관하는 랙이 있는데, 신발을 동시에 찾고 쓰기에는 한 켤레씩 수납하는 랙이 외출 준비 시간을 줄여주어 편리하다.

■ 신발을 앞뒤로 비스듬히 놓는다.

신발을 앞부분에 맞추어 정리하면 앞쪽의 넓은 발볼 부분이 많은 공간을 차지해 수납 공간이 좁아진다. 하지만 신발을 앞뒤로 번갈아 놓으면, 공간을 좀 더 확보 가능해 한 켤레라도 더 보관할 수 있다.

■ 슬리퍼와 합성수지 샌들은 바구니에 정리한다.

눌려도 모양에 크게 지장을 받지 않는 슬리퍼와 여름에 즐겨 신는 합성수지 샌들은 종류별로 한 바구니에 담아 보이지 않게 정리한다.

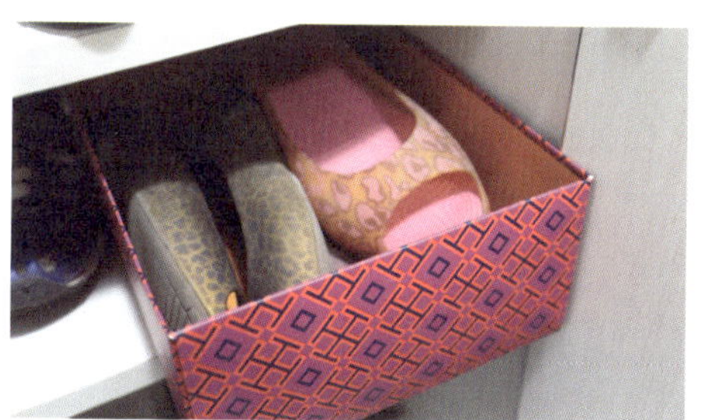

■ 잡동사니는 수납상자에 정리한다.

신발장에는 신발뿐만 아니라 못이나 망치 같은 공구, 우산, 잡동사니가 많은데, 이것들은 통일된 수납상자에 종류별로 구분하여 정리한다. 우산은 벽면에 고리를 붙여 걸면 벽면의 자투리 공간을 활용할 수 있다. 3단 우산은 책꽂이용 파일통에 눕혀서 보관 가능하다.

아이들을 키우는 집에는 공이 많아 문을 열 때마다 굴러 나올 수 있다. 이 경우 재활용 뚜껑이나 사용하지 않는 머리띠를 이용해 받침을 만들면, 공이 고정되어 움직이지 않게 정리할 수 있다.

신발 세탁

신발을 잘 관리하는 방법 중 하나는 여러 켤레의 신발을 번갈아가면서 신는 것이다. 그래야 신발의 곰팡이나 악취를 없앨 수 있고, 신발 모양이 흐트러지는 것도 막을 수 있다. 또한 발 건강에도 도움이 된다.

운동화 세탁

평소에는 운동화에 묻은 생활 오염 물질을 물티슈로 깨끗이 닦아 관리한다.

how to

1 거친 솔로 바닥의 먼지를 털어낸다.

2 김장비닐 같은 큰 비닐에 뜨거운 물을 받는다.

3 **1**에 베이킹소다 1스푼, 과탄산소다 1스푼, 일반 세제 1스푼을 푼다.

4 비닐에 신발을 넣고 열기가 세지 않도록 비닐의 입구를 꼭 묶은 후 흔들어준다. 너무 오래 두면 접착제가 약해지거나 떨어질 수 있으니 20분 정도만 그대로 두어 때를 불린다.

5 신발을 꺼내 다른 부드러운 솔로 겉에서 안쪽으로 가볍게 문질러주고, 세탁기의 탈수 코스를 이용해 물기를 뺀다.

6 햇볕에서 2~3시간 비스듬히 세워서 말리고, 바람이 잘 통하는 그늘로 옮겨 말린다.

운동화 빨리 말리는 법

신발을 말릴 때 운동화의 면이 서로 닿아있으면 습기
가 빨리 없어지지 않기 때문에 끈을 모두 풀고 목 부분
도 뒤로 젖혀 말린다. 약간 젖은 신발은 신문지를 구겨
넣어 물기를 닦고, 헤어드라이어로 말린다. 와인병이
나 맥주병같이 색이 어두워서 열을 잘 흡수하는 병 위
에 운동화를 한 짝씩 걸쳐 말린다.

tip 스니커즈의 옆 라인을 하얗게 세탁하기

신발의 흰색 옆 라인은 더러워지기 쉽고 잘 닦이지도 않으므로
평소에는 신발을 신은 후 물티슈로 닦아준다. 하지만 이 경우
에는 베이킹소다와 주방 세제를 쓰면 된다. 베이킹소다와 주방
세제를 1:1 비율로 섞고 식초를 천천히 부어준 후 거품이 가라
앉은 세제에 물티슈를 넣는다. 이렇게 세제를 듬뿍 묻힌 물티
슈로 신발의 옆라인을 닦아준다.

가죽 샌들과 슬리퍼 세탁

가죽 샌들이나 슬리퍼는 발바닥 부분이 더러워지기
쉽고 노출되는 부분이 많으니 가볍게 물세탁으로 깨
끗하게 관리한다.

how to

1 미지근한 물에 중성 세제를 풀고 신발을 담근 후 스
펀지로 가죽 부분을 가볍게 닦아준다. 발바닥 부분
이나 그 밖에 부분은 부드러운 솔로 닦는다.

2 가죽 부분에 수건을 대고 톡톡 두드리면서 물기를
제거한다.

3 통풍이 잘 되는 그늘에서 가죽 모양을 잘 유지하면
서 말린다.

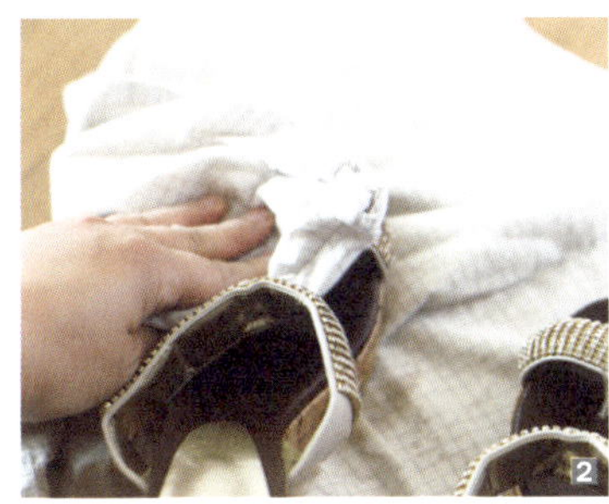

tip 슬리퍼 드라이용 걸이 만들기

세탁소 옷걸이를 이용해 슬리퍼 드라이용 걸이를 만들면 발 모
양을 유지하면서 슬리퍼를 잘 말릴 수 있다.

❶ 세탁소 옷걸이에서 양쪽 어깨부분의 끝 10cm를 어깨와 45
도 각이 되게 앞으로 구부린다.

❷ 구부린 부분을 발볼의 너비에 맞게 넓게 펴준다.

신발 관리

구두 닦는 법

how to

1 구둣솔로 구두 주변의 먼지나 흙탕물을 제거한다.

2 구둣솔에 구두약을 넉넉히 묻힌 후 골고루 바른다. 이때 구두의 흠집도 메꿀 수 있다.

3 손가락에 부드러운 융이나 안경 닦는 천을 두르고 구두약을 조금 바른 후 동그라미 그리는 식으로 구두를 10분 정도 반복해서 닦아준다. 이때 물기를 한두 방울 뿌리면서 융이나 천을 돌려가면서 닦는다. 구두 수선집에서는 구두에 불을 살짝 쬐어서 구두약이 고루 퍼지게 불광을 내는데, 집에서도 가스 불에 살짝 구두를 지나가게 하면 같은 효과를 줄 수 있다.

tip 가죽 구두 관리하기

구두를 보관할 때는 형태가 망가지지 않도록 슈키퍼를 구두 안에 넣고, 신발 탈취제도 함께 넣어 보관하면 좋다. 슈키퍼가 없다면 신문지를 신발 안에 구겨 넣어서 신발의 형태를 유지한다. 계절이 지난 신발은 천 주머니나 종이상자에 넣어 수납한다. 너무 제습력이 강한 실리카겔이나 제습제는 가죽의 수분까지 흡수할 수 있으므로 신발 탈취제 정도 넣어준다.

까진 구두 굽 수선법

구두의 뒷굽이 많이 까져서 수선해야 할 때는 신발을 교체해서 신는 것도 오래 신을 수 있는 방법이다. 그러나 가죽이 조금 까지면서 밀려 올라가 구두의 뒷굽이 지저분할 경우에는 약간만 수선해도 다시 신을 수 있다.

how to

1 까진 가죽에 선크림을 살짝 바르고 이쑤시개로 누르면서 밀어올려 모양을 바르게 잡는다.

2 들뜬 부분은 순간접착제를 묻힌 후 가죽을 덮어준다. 이쑤시개를 이용해 당기면서 붙이면 쭈글쭈글하지 않게 가죽을 붙일 수 있다. 가죽이 떨어진 부분은 구두약을 발라 메꿔준다.

신발 냄새 잡는 법

빠른 시간 안에 신발 냄새를 잡아야 한다면, 신발 안에 구연산수를 뿌리고 신문지를 구겨서 집어넣은 후 10분 정도 기다리다가 신문지를 빼고 말리면 된다. 탈취 효과를 더 높이고 싶다면 하룻밤 정도 구연산수를 뿌린 신문지를 넣어둔다.

■ 신발 탈취제

신발장에 탈취 효과가 큰 것은 숯 〉 베이킹소다 〉 커피 찌꺼기 순이다. 이들 셋 중 집에 있는 재료를 깔끔한 통에 담아 신발장의 아래쪽에 넣어둔다. 이것들은 탈취 효과뿐만 아니라 습기 제거 효과도 있는데, 습기는 아랫부분부터 쌓이니 신발장의 아래쪽에 보관하는 것이 좋다.

how to

1 다시팩에 베이킹소다가루를 넣는다. 가루가 샐 수 있으므로 다시팩을 한 겹 더 씌워준다.

2 향이 좋은 오일을 5~6방울 떨어뜨리면 더욱 좋다.

부츠키퍼 만들기

여름에 부츠를 잘못 관리하면, 발목 부분의 주름이 더
심해지거나 접혀서 형태가 변형되고 곰팡이가 생기기
쉽다. 그래서 부츠의 형태를 비교적 잘 유지할 수 있는
부츠키퍼를 만들어 관리하는 것이 좋다.

how to

1 입지 않는 레깅스를 부츠 길이보다 10cm 정도 크게
   잘라 묶을 부분에 여유를 둔다.

2 레깅스를 안쪽으로 뒤집어서 발목 부분을 묶는다.

3 다시 뒤집어서 겉면이 나오게 한다.

4 냄새 흡수와 제습 효과가 있는 신문지를 구겨 넣고,
   베이킹소다를 함께 넣으면 제습 효과가 높아진다.
   가죽 신발에는 숯이 더욱 효과적이다.

5 레깅스의 윗부분을 묶는다. 만약 올이 풀리면 안쪽
   으로 접어 어울리는 끈으로 묶어준다.

발 건강을 위한 올바른 신발 관리

새로 산 신발

새로 산 신발을 신으면, 기성 제화여서 내 발에 꼭 맞지 않기 때문에 발이 가죽에 눌리거나 뒤꿈치에 물집이 생길 수 있다. 이 경우에는 두꺼운 양말을 신은 상태에서 헤어드라이어로 열을 가해 발 모양에 딱 맞게 신발을 맞출 수 있다.

물집이 생길 때

구두를 계속 신어도 피부와 마찰이 생겨서 물집이 생길 수 있다. 이 경우에는 데오드란트를 신발의 안쪽 중 접촉면에 발라 구두와 피부의 마찰을 줄여 물집을 방지할 수 있다.

발바닥 통증이 느껴질 때

굽이 너무 높은 힐도 발 건강에 좋지 않지만, 너무 낮은 샌들이나 플랫슈즈, 스니커즈도 발의 충격을 흡수할 수 없어서 안 좋다. 하이힐은 일주일에 3~4회 정도 신고, 평소에 쿠션감 있는 신발을 착용하는 게 좋다. 푹신한 신발 깔창을 구매해서 신발 바닥에 붙일 수 있는데, 요즘에는 라텍스나 젤 형태로 된 다양한 제품이 판매되고 있다.

발이 까지고 피로가 쌓일 때

발이 꺾여 발가락이 아프거나, 새 신발 때문에 발이 쓸려 긁히고 까졌거나, 발의 피로가 쌓여 힘들 때는 녹차 우린 물로 족욕을 하면 좋다. 녹차를 우려낸 따뜻한 물에 15분 정도 발을 담그면, 염증이나 물집이 가라앉고 발의 피로가 풀린다. 그리고 녹차 속 카테킨 성분은 습기가 많은 여름철 무좀균의 증식을 억제하는 효과가 있다.

style up

포인트가 되는
현관 타일 셀프 시공

한집에서 오래 살다 보면 큰돈은 못 들여도 조금씩 고치면서 살고 싶어진다. 나도 5년이나 살고 있는 집이어서 손 보고 싶은 곳이 한두 군데가 아니지만, 시작하면 큰돈이 들고 혼자 감당하기 쉽지 않을 것 같아 엄두를 못 내고 있었다. 그러다 밝은 현관 타일이 너무 지저분해져서 어쩔 수 없이 덧방 시공했는데, 남편과 함께 했더니 3시간 안에 끝낼 수 있었다.

기존 타일을 철거하고 시공하는 것은 힘들지만, 신발장이나 문과 걸리지 않는다면 기존 타일 위에 타일을 덧붙이는 덧방 시공도 좋다.

덧방 시공할 때는 셀프 시공인 점을 감안해서 절단하기 쉽고, 모양을 맞추기 쉬운 타일을 선택해야 한다. 따라서 타일의 크기가 작은 모자이크 타일이나 200mm 정도의 사각형 타일이 좋다. 두께는 얇을수록 좋은데, 6mm 정도의 얇은 타일이 절단하기가 쉽다.

타일 커팅기는 구매할 수도 있고, 주변 공구 대여점에서 일일 대여도 가능하다. 인테리어 기술자를 대상으로 대여하는 공구 대여점의 기구들은 전문가용이므로 빌려 사용하는 것도 좋다. 실제로 셀프 시공용으로 판매하는 커팅기는 3만 원대이지만, 1일 대여 비용이 2만 원이므로 여러 번 시공하지 않을 것이라면 전문가용 커팅기를 빌려서 사용해 보자.

현관 타일 셀프 시공

준비물 세라픽스, 톱날헤라, 타일, 줄눈 간격재, 타일 커팅기, 줄눈 시공제(백시멘트), 스펀지, 헌 옷

이나 물티슈

how to

1 깨끗하게 현관 바닥을 청소한다.

2 타일을 임의로 깔고 모양을 맞춘다.

3 줄눈을 1mm로 계산해서 남는 공간에 맞게 타일을 절단한다.

4 톱날헤라로 얇게 세라픽스를 바른다.

5 튀어나온 부분이 있으면, 모서리나 전체를 고무망치로 한 번씩 두드려준다.

6 백시멘트를 줄눈에 채우고 스펀지로 닦으면 줄눈이 패이지 않으면서 여분의 백시멘트를 닦아
  낼 수 있다.

7 20분 정도 후 걸레나 물티슈로 타일에 묻은 백시멘트를 닦아낸다.

8 줄눈이 마르고 타일이 고정되도록 12시간 정도 박스로 덮어서 보양한다.

행복의 통로,
행운의 첫 관문, 현관

'현관문에 종이와 장식이 붙어있다.'
'바닥이 더럽다.'
'신발이 몇 켤레나 놓여있다.'
'취미용품이나 우산이 그대로 놓여있다.'

사업운과 인간관계운을 떨어뜨리는 어지럽고 정리가 안 된 현관의 모습이다. 지저분한 바닥이나 습기가 잘 차는 우산은 바로 치우도록 하자. 자주 쓰지 않는 취미용품과 신발들은 깔끔하게 정리하고, 관엽식물이나 생화, 좋은 향기가 나는 방향제 같은 소품을 두어 활기차고 산뜻한 느낌을 내는 것이 좋다.

현관과 거울이 마주보고 있으면 집 안에 들어오는 좋은 기운을 막을 수 있다.

키가 큰 관엽식물이나 거울 등 가족의 눈높이보다 높은 인테리어 소품은 압박감을 줄 수 있으니 두지 않는 것이 좋다. 현관의 넓이와 균형을 생각해서 물건을 배치하는 것이 좋다. 그리고 현관과 정면으로 마주 보고 있는 큰 거울은 들어오던 행운도 놀라 달아나게 할 수 있으니 피하는 것이 좋다.

신발장에 흰색 하이힐과 명품 구두를 수납하면 운이 상승하고, 불필요한 구두를 바닥에 꺼내두면 사업운이 내려간다.

사업상 미팅할 때 구두가 너무 지저분하거나 낡았으면 깔끔한 인상을 주기 어렵다. 명품 구두가 아니어도 깨끗하게 잘 관리해서 신으면 사업운이 내려가지는 않는다. 구두수선집 사장님이 구두를 닦았는데 비가 오더라도 너무 속상해하지 말라고 한 적이 있었다. 비오기 전날 구두광을 내도 구두약에 코팅 효과가 있어 구두가 덜 손상된다고 한다. 그러니 날씨에 신경쓰지 말고 깨끗하게 광내서 기분 좋게 일하자.

하루 동안 신은 신발은 먼지와 함께 액이 달라붙어 있으므로 잘 닦아서 수납하여 액을 털어버리도록 한다.

청소를 하는 입장에서는 참 추천할 만한 풍수지리이다. 그날 신은 신발은 곧바로 신발장에 넣지 말고 잠깐 신발의 습기를 날려버리고 넣는 것이 좋다. 비에 젖은 신발은 신발 안에 실리카겔이나 신문지를 넣고 습기를 빨아들인 후 드라이해서 보관해야 한다. 신발도 한 종류의 신발을 계속 신는 것보다 두세 켤레 정도의 신발을 교대로 신는 것이 발 건강과 신발의 형태를 더 오래 유지하면서 신을 수 있어서 좋다.

11
NOVEMBER

집에 대해 아직도 이루지 못한 나의 로망이 있다면,

예쁜 패브릭 소파를 놓는 것이다.

엉덩이가 푹 꺼지는 푹신푹신한 쿠션감에

부들부들 워싱된 린넨 느낌의 화이트 소파.

아니면 프렌치 느낌의 단아한 패브릭 소파도 좋다.

처음 소파를 살 때 정말 많이 고민했다.

결국 가죽 소파로 결정해 버렸지만,

외국에서는 어떻게 방 안에서 신발을 신고 다니면서

패브릭 소파에 물빨래도 안 되는 울카펫을 쓰는 건지.

카펫에 생기는 신발 자국과 먼지는 생각만 해도 침울해진다.

하지만 난 아직도 한 번쯤은 패브릭 소파나 침대에서

과자를 우적우적 먹으며 TV 보기를 희망한다.

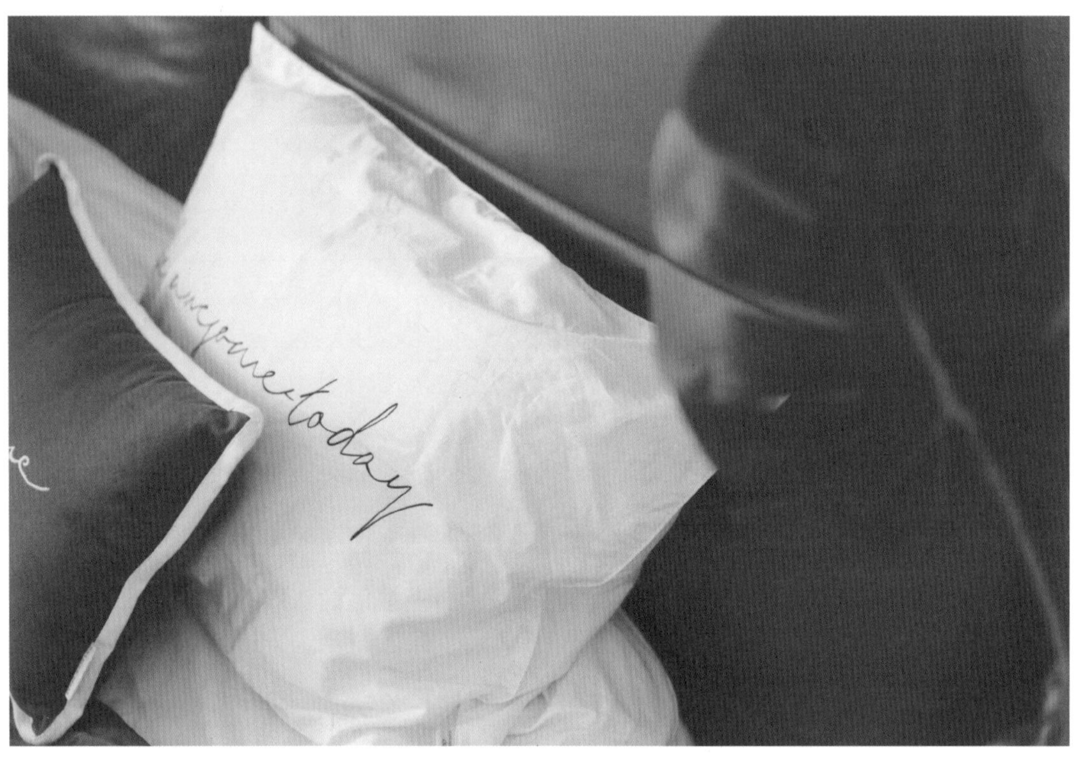

따뜻한 감성의
패브릭 연출

감각은 머리보다 마음에 더 오래 남는다.
양모 러그 위에 아들과 함께 누워
햇볕을 쬘 때 느낀 양모의 포근함,
아들의 간지러운 웃음소리가 어우러져
따스한 기억으로 남아 있다.

패브릭의 기본 관리

패브릭으로 된 커튼, 러그, 소파와 같은 것들은 기본 성질이 비슷해서 평소 관리법도 같다.

오염 제거

패브릭은 전체 세탁이 힘들기 때문에 부분적으로 오염된 경우에는 즉시 닦아주는 것이 좋다. 처음에는 마른 수건으로 오염 부분을 두드려서 닦아낸 후 중성 세제를 푼 물에 수건을 적셔 오염 부분을 다시 두드리면서 닦아낸다. 마지막으로 깨끗한 수건으로 젖은 부분을 닦아낸다.

먼지나 머리카락 제거

패브릭에 붙어있는 먼지나 머리카락 등은 빨아도 떨어지지 않고 남아있는 경우가 많다. 침구의 경우에도 먼지를 먼저 제거해야 하는데, 먼지는 테이프로 뗄 수도 있고, 고무장갑으로 가볍게 결의 반대 방향으로 일정하게 쓸어내면 쉽게 제거할 수 있다. 카펫이나 러그는 세탁 전에 청소기로 먼저 청소해야 한다.

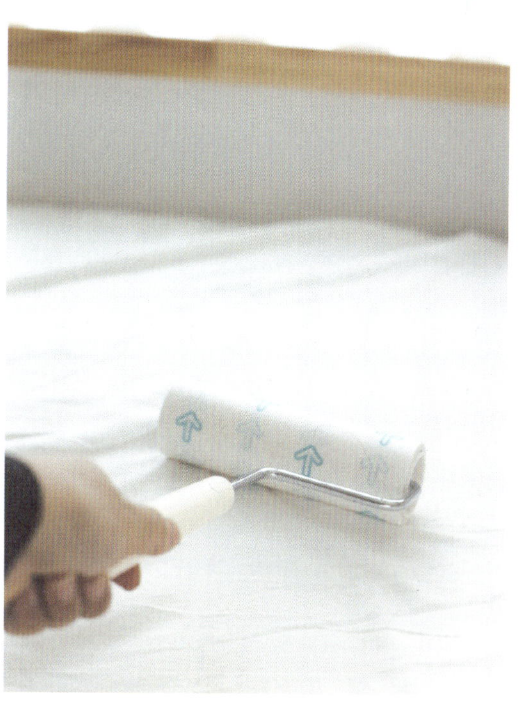

커튼·블라인드

커튼

■ 청소법

커튼은 날리는 먼지를 흡착해서 공기 중에 떠다니지
않게 해 주는 장점이 있다. 하지만 커튼 자체에 먼지가
많이 묻기 때문에 아이들이 커튼 뒤에 숨거나 커튼을
털면, 쌓여있던 먼지를 털어내는 것이 되므로 주의해
야 한다. 평소에는 먼지털이개로 커튼을 쓸어내리듯
이 닦아 먼지를 청소한다.

■ 세탁법

커튼은 기본적으로 드라이를 맡기는 것이 좋고, 집에서 세탁한다면 찬물에서 중성 세제로 빨래한다. **강한 햇빛은 섬유가 수축하는 원인이 될 수 있기 때문에 커튼은 맑은 날보다 오히려 흐린 날 세탁하는 것이 좋다.**

how to

1 커튼을 청소기로 쓸어내면서 1차적으로 먼지를 제거하고 떼어낸다.

2 20분 정도 찬물에 커튼을 담가놓은 후 중성 세제를 풀고 눌러주듯이 손빨래한다.

3 세탁기에서 가볍게 탈수한다.

4 건조대에 커튼을 널지 말고 커튼봉에 그대로 달아서 펼쳐두면 다림질하지 않아도 커튼 자체의 무게에 의해 펴지면서 자연스럽게 건조된다.

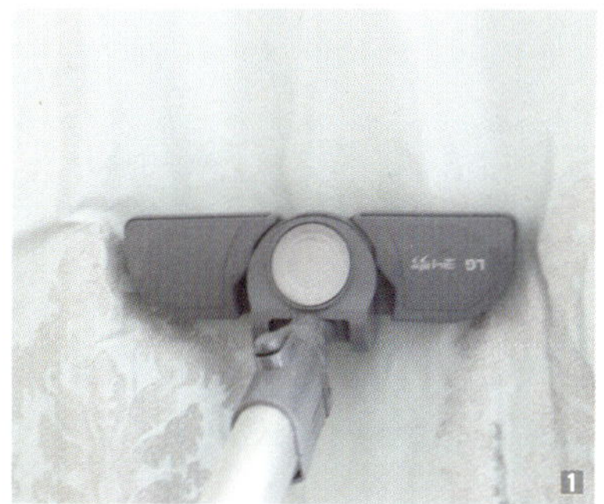

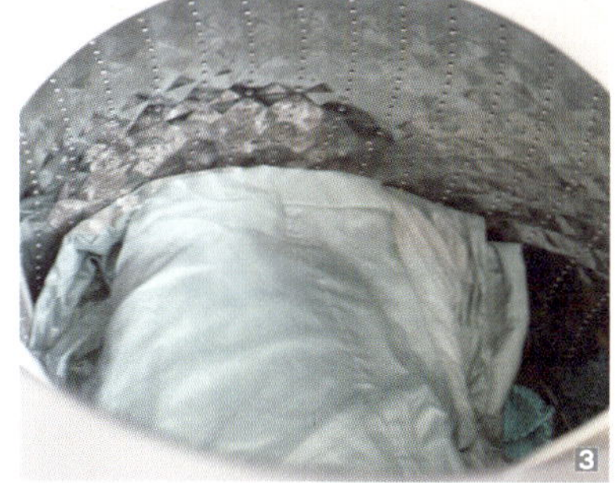

블라인드

■ 실측

블라인드는 주름을 잡을 필요가 없어서 제대로 실측만 하면 제작하는 데 큰 어려움이 없다. 인터넷에서도 창의 사이즈와 손잡이 위치만 기입하면 쉽게 제작할 수 있다.

가로 너비는 창문틀의 가로 길이로 하는데, 너비가 너무 넓으면 블라인드가 휘어질 수 있기 때문에 블라인드 창 하나의 너비가 2m를 넘지 않도록 한다. 창이 여러 개일 때는 창틀의 가운데를 중심으로 나눠서 실측하고, 세로 길이는 커튼박스 속부터 창문틀 아래 끝까지 실측한다.

■ 종류

커튼은 원단의 디자인을 보고 고르는 경우가 많다. 하지만 블라인드는 기능에 따라 선택하는 경우가 많으므로 블라인드의 종류와 특징을 정확히 알아야 한다.

• 우드 블라인드

우드 블라인드는 말 그대로 목재를 이용한 블라인드로, 심플하고 모던한 분위기를 조성하기에 좋다. 햇빛을 잘 차단하고 채광 조절이 가능한 블라인드이지만, 빛이 은은하게 스며드는 느낌은 나지 않는다. 변형과 변색을 막으려면 UV 코팅된 나무를 사용하는 것이 좋다.

• 콤비 블라인드

콤비 블라인드는 망사 원단과 패브릭 원단, 이렇게 2단의 블라인드가 교차하면서 빛의 양을 조절하는 블라인드이다. 패브릭의 모양이나 색상이 다양하고, 암막 기능도 추가할 수 있어서 선택의 폭이 넓다. 오염과 습기, 햇빛에 의한 변색이 강해서 오래 사용할 수 있지만, 청소가 힘들다는 것이 단점이다.

• 트리플 블라인드

트리플 블라인드는 콤비 블라인드와 비슷하지만, 원단이 3중으로 연결되어 있는 방식으로, 깔끔하고 세련된 느낌을 주기 때문에 좀 더 고가이다. 트리플 블라인드는 90도까지 각도 조절이 가능해서 편리하게 채광량을 조절할 수 있고, 망사 원단과 패브릭이 쉽게 오염되지 않는다는 장점이 있다. 하지만 원단을 밑으로 전부 내렸을 때만 각도 조절이 가능하다는 것이 단점이다.

• 허니콤 블라인드

허니콤 블라인드는 벌집 모양의 구조로 만들어진 블라인드로, 육각형 벌집 모양 안에 공기가 보존되는 특징이 있다. 그래서 여름에는 열기를, 겨울에는 냉기를 차단하는 방한 효과가 있고, 소음 흡수 기능도 뛰어난 편이다. 또한 원하는 부분만 가릴 수 있는 탑다운 방식으로 제작할 수 있어 전체 창을 다 가리지 않고 부분 시선 차단에도 매우 유용하다. 하지만 습기에 약하기 때문에 비 오는 날에는 문을 열어놓지 않는 것이 좋다.

■ 청소법

• 우드 블라인드 청소

나무 소재로 된 우드 블라인드는 비교적 먼지 제거가 쉽다. 청소하는 손을 보호하기 위해 고무장갑을 끼고 그 위에 먼지를 흡수할 수 있는 스타킹을 씌워 청소하면, 손을 보호하면서 쉽게 청소할 수 있다. **쌀뜨물로 블라인드를 닦으면 광택이 나게 관리할 수 있다.**

• 패브릭 블라인드 청소

패브릭 블라인드는 빨기가 어려우므로 걸레 대신 목장갑을 이용해야 쉽게 닦을 수 있다.

how to

1 고무장갑 위에 목장갑을 끼고 중성 세제를 푼 물에 손을 담근다.

2 주먹을 두어 번 쥐고 물기를 꼭 짠 다음 블라인드를 닦는다.

3 깨끗한 마른걸레로 물기를 없앤다.

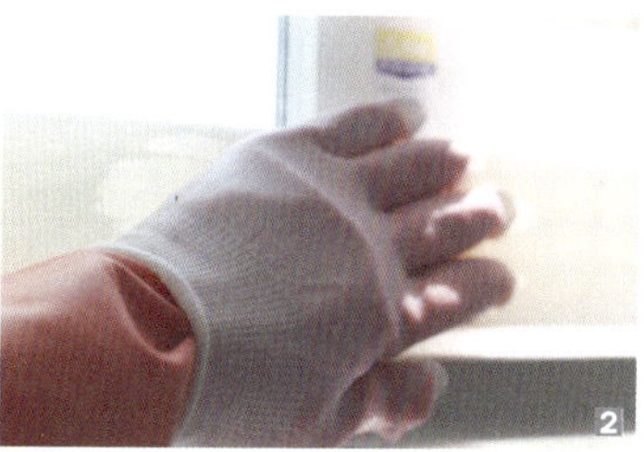

카 펫 · 러 그

요즘에는 카펫 사용이 점점 늘고 있다. 일단 푹신한 느낌이 좋고, 보온 효과가 있으며, 소음도 줄여준다. 무엇보다 공간을 훨씬 안정적으로 느끼게 해 주는 인테리어 효과가 크다. 가끔 카펫을 깔면 먼지가 날릴까봐 많이 걱정하는데, 오히려 카펫의 섬유조직이 먼지를 흡착하기 때문에 공기 중의 먼지가 감소한다.

일반적으로 '러그'와 '카펫'이라는 말을 혼용해서 사용한다. 하지만 러그는 싱크대나 화장실 등에 두는 것으로, 옮겨다니면서 쓸 수 있는 작은 사이즈의 직물을 말하고, 카펫은 좀 더 큰 사이즈의 바닥에 까는 바닥재 개념이다. 결국 러그와 카펫은 사이즈의 차이로, 두 개념이 크게 다르지는 않다.

구입 방법

카펫을 고를 때는 세탁과 관리가 쉬운지, 크기와 컬러가 공간에 잘 어울리는지를 확인해야 한다.

세탁과 관리가 쉬운 재질은 아무래도 면 소재와 합성섬유로 된 카펫으로, 모두 물세탁이 가능하기 때문에 생활오염이 많은 곳에 깔아두어도 좋다. 인도산 면직으로 된 카펫이나 보온성을 더하기 위해 촘촘히 누빔 처리된 퀼트 카펫도 아이가 있는 집에는 적당하다.

민감한 피부라면 자극 없는 극세사 카펫도 좋다. 극세사는 머리카락의 1/100 굵기의 매우 얇은 실로, 촘촘하게 짜여있어서 알레르기의 원인이 되는 진드기를 차단한다. 가격이 저렴하고, 빨래도 쉽지만, 여러 번 빨고 나면 처음의 톡톡함이 사라지는 매우 큰 단점이 있다.

합성섬유로 된 샤기 카펫은 세련되어 보이면서 물빨래가 잘 된다. 하지만 파일(실의 길이)이 너무 길거나 복잡하면 오염이 잘 빠지지 않아 불편하다. 그러므로 너무 길지 않고 꼬이지 않은 파일 형태를 선택하는 것이 좋다.

카펫의 크기는 공간의 크기에 맞추는 것이 중요하다. 만약 소파 앞에 카펫을 둔다면, 소파와 비슷하거나 약간 넓은 것이 안정적으로 보인다. 그리고 소파 테이블을 둔다면, 소파 테이블의 양쪽으로 사람이 앉을 공간과 같은 여유를 생각하고 카펫의 크기를 정한다. 카펫의 색상은 소파 컬러와 바닥 컬러의 중간 정도가 적합한데, 소파와 톤 온 톤 tone on tone 으로 맞추는 것도 좋다. 카펫 선택은 신발을 고른다고 생각하면 된다. 신발이 예쁘다고 하의와 동떨어진 색상을 고르면 다리가 짧아 보이는 것처럼, 카펫도 소파와 관계없는 색을 선택하면 집이 좁아 보일 수 있다. 따라서 무채색이나 갈색 계열의 단색이 실패할 확률이 낮고, 좁은 공간이라면 밝은 색이 공간을 넓어보이게 한다. 무늬가 큰 것을 고를 때는 톤 다운된 바탕색을 선택한다.

관리법

매일 청소기로 카펫결의 반대 방향으로 청소해 주는 것이 좋다. 카펫은 너무 자주 빨면 좋지 않기 때문에 평소에는 굵은 소금으로 관리한다. 이렇게 굵은 소금으로 청소하면, 카펫과 청소기의 내부가 함께 청소되는 1석2조 효과가 있다. 단, 청소기의 내부에 수분기 있는 소금이 남아있으면, 청소기 고장의 원인이 될 수 있으므로 반드시 공회전을 시켜서 소금기를 빼야 한다. 우선 굵은 소금을 카펫에 뿌리고 장갑을 낀 후 쓱쓱싹싹 비벼준다. 이 상태에서 20~30분 정도 지나면 청소기로 깨끗이 소금을 천천히 흡입시킨다. 청소기도 10분 정도 공회전시켜서 청소기 내부에 소금이 남아있지 않도록 한다.

패브릭 소파

■ 부분 청소법

카펫에 커피를 쏟았을 때는 우선 마른 수건으로 톡톡 두드려서 커피를 닦는다. 식초와 주방 세제를 1:1 비율로 섞어서 카펫 위에 뿌린 후 다시 마른 수건으로 두드리면서 닦는다.

술을 엎질렀을 때는 소금을 이용해 닦는다. 우선 소금을 뿌려 수분을 빨아들이고, 진공청소기로 소금을 빨아들여 제거한 후 마른 수건으로 톡톡 두드려서 닦아낸다.

■ 보관법

러그나 카펫은 신문지를 끼워서 함께 돌돌 말아 습기 없이 깔끔하게 보관한다.

■ 세탁법

세탁이 가능한 카펫이면 한달에 1회 정도 물세탁하는 것이 좋다. 중성 세제를 푼 미지근한 물에서 울세탁 한 후 그늘에서 건조시키는데, 이때 앞뒤로 잘 말리는 것이 중요하다.

관리법

패브릭 소파는 가죽처럼 표면이 매끄럽지 않고 조직이 촘촘하기 때문에 냄새나 먼지가 잘 흡착되지만, 커버를 분리해서 세탁할 수 있고, 방수 원단이면 오염이 덜 생겨서 좋다.

커버가 분리되지 않는 제품이면, 자주 오염되는 등부분부터 방석까지 소파와 비슷한 색이나 포인트가 될 수 있는 원단으로 소파를 씌운다.

how to

1. 베이킹소다를 살짝 뿌리고 가볍게 소파를 문질러서 베이킹소다가 소파에 스며들게 한다.
2. 1~2시간 정도 그대로 둔다.
3. 진공청소기를 이용해 베이킹소다를 빨아들이면 퀴퀴한 냄새를 싹 잡을 수 있다.
4. 청소기를 공회전시켜서 청소기 호수에 베이킹소다가 남아있지 않도록 한다.

쿠션

쿠션은 계절과 인테리어 트렌드에 따라 변화를 주기 쉽고, 실내 인테리어 포인트가 된다. 단색 소파에 소파의 색과 비슷한 쿠션들을 톤 온 톤으로 올려놓으면, 소파의 깊이감이 생긴다. 반면 보색이나 프린트가 강한 쿠션을 놓으면, 강약이 생겨 소파가 돋보인다.

목화솜으로 된 쿠션이나 베게는 쉽게 뭉치기 때문에 빨래가 어려우니 교체하는 것이 좋다. 마이크로화이버로 된 쿠션솜은 복원력이 좋고, 곰팡이균과 같은 세균 서식을 염려하지 않아도 되는 특수 직물이어서 위생적이며 빨래도 쉽다.

세탁법

쿠션 커버에 냄새가 나면, 일단 방망이로 먼지를 두드려 털고 베이킹소다수를 뿌린 후 잘 말려준다. 커버를 벗겨 세탁할 때는 찬물에서 중성 세제로 가볍게 세탁한다.

커버와 분리되지 않는 쿠션을 세탁할 때 쿠션솜이 뭉칠 수 있는데, 베개 세탁법처럼 3등분해서 묶고 세탁하면 솜뭉침을 방지할 수 있다.

쿠션솜을 세탁할 경우에는 미지근한 물에 중성 세제를 풀고 20~30분 정도 충분히 담가 잔여물과 때가 빠지도록 불린 후 표준 코스로 빨아준다. 솜은 물을 먹으면 잘 마르지 않으므로 세탁기에서 잘 탈수하고, 앞뒤로 말린 후 방망이로 솜을 두드려 털어준다.

블랭킷

블랭킷은 간단히 이불 대신 사용하거나, 거실에서나
잠깐 외출할 때 따뜻하게 무릎이나 몸을 감싸는 데 사
용하는 등 매우 다양하게 활용할 수 있다.

활용법

■ 침대 베드러너로 사용

손님이 올 때 침구 관리가 안 되어 있어도 침구를 정갈하게 쫙 펴고 위에 베드러너만 하나 올려주면 신경 쓴 느낌이 든다. 특히 흰색 베딩 위에 베드러너만 올려주면 저렴한 것이어도 침구가 전체적으로 바뀐 느낌이 든다.

베드러너를 깔 때는 자신의 감성대로 편하게 연출할 수 있다. 자연스럽게 주름을 잡아놓아도 좋고, 펼쳐서 침대의 절반 이하를 감싸도 좋다. 혹시 베딩을 흰색으로 심플하게 깔 경우에는 베딩 위까지 전체를 덮어 포인트를 줄 수 있다.

■ 침대 헤드로 사용

침대가 오래되어서 지겹다면 침대 헤드에 블랭킷을 덮어보자. 굳이 바느질을 하지 않아도 침대 헤드와 사이즈만 잘 맞추면 침대 헤드가 대체로 두껍기 때문에 블랭킷이 흐물거리지 않고 딱 맞게 떨어진다.

■ 러그 대신 활용

아이들 놀이매트를 대신할 마땅한 러그를 아직 찾지 못했다면, 블랭킷을 놀이매트 위에 깔아본다. 블랭킷을 그냥 바닥에 깔면 얇아서 쿠션감이 없지만, 놀이매트 위에 깔면 쿠션감이 보완되어 더 폭신하게 사용할 수 있다.

■ 소파에 걸쳐 멋스럽게 연출

거실에서 사용할 블랭킷을 외국 잡지에 나오는 것처럼 소파에 멋스럽게 비스듬히 걸쳐놓는다. 쿠션으로도 소파가 밋밋했다면 블랭킷으로 더욱 풍성하고 부드러운 느낌을 줄 수 있다.

style up

도전! 셀프 페인팅

아이 방에 옷걸이를 걸었던 것이 자꾸 떨어지면서 구멍이 숭숭 생겨버려 이런저런 방법으로 구멍을 가려봐도 신경이 많이 쓰였다. 제일 좋은 방법은 새롭게 도배나 페인팅을 하는 것인데, 둘 중 어떤 것을 해야 할지 고민이 되었다.

사실 가정집 벽을 유지하고 관리하기에는 도배가 더 좋다. 도배지에 난 연필 자국이나 손 자국, 사인펜 자국은 지울 수 있는데, 페인트의 경우 집 안에는 물에 잘 지워지는 수성페인트를 여러 번 바르는 것이기 때문에 쉽게 지저분해진다. 우리는 도배보다는 셀프로 하기에 쉬워보이고, 아들이 드래곤 집을 만들고 싶다고 하여 패턴을 그리기 쉬운 셀프 페인팅에 도전하였다.

준비물 기초 바탕 단계 – 보양 테이프(마스킹 테이프), 매시 테이프(조인트 테이프), 퍼티, 장갑, 사포
페인트 단계 – 젯소, 페인트, 붓, 롤러

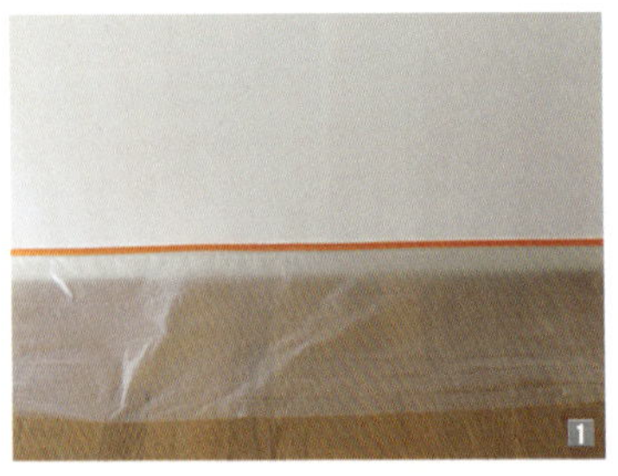

1 페인트의 이염을 막기 위해 보양 테이프(마스킹 테이프)를 붙인다. 비닐이 붙어 있는 테이프는 바닥이나 스위치를 커버하기에 좋고 간단한 벽에는 일반 마스킹 테이프를 붙여도 괜찮다.

2 구멍이 있거나 표면이 평평하지 않을 경우에는 퍼티를 바른다. 이때 크랙을 밀폐하거나 손상된 건식 벽체를 수리하고, 구멍을 밀봉한 후 끝단을 마무리할 때 매시 테이프(조인트 테이프)를 발라주면 좋다. 우리 집의 경우 1cm 정도의 큰 못 구멍이 있어서 매시 테이프를 바르고 위에 퍼티를 발라주었다.

3 퍼티가 잘 마르면 사포로 문질러서 표면을 매끄럽게 해 준다. 사포는 100에서 600까지 있는데 숫자가 클수록 입자가 가는 사포이니 작은 숫자의 사포와 큰 숫자의 사포를 잘 사용하여 표면을 부드럽게 만든다.

4 페인트의 발색을 돕는 젯소를 바른다. 이렇게 하면 기존 벽지가 페인트를 많이 흡수하지 않도록 도와준다.

⑤ 원하는 패턴대로 마스킹 테이프를 붙인다.

⑥ 롤러와 붓을 손으로 여러 번 털어서 빠진 털이나 뭉친 털을 없앤다. 넓은 부분은 롤러로, 좁은 부분은 붓으로 보통 2~3회 정도 반복해서 바른다. 그 사이에는 롤러, 붓 트레이를 비닐로 밀봉해야 페인트가 굳지 않는다. 붓이나 롤러의 경우 비닐 보양이 잘 되었다면 2~3일 정도 사용이 가능하니 하루에 작업을 끝내지 못한다면 꼭 밀봉해서 보관한다.

⑦ 페인팅이 완전히 마르기 전에 마스킹 테이프를 제거한다. 너무 늦게 떼어 내면 벽지까지 일어나거나 페인팅이 벗겨질 수 있다. 우리 집은 패턴의 상하를 동시에 진행해서 테이프를 벗겨 내고 연한 색에 테이프를 붙인 후 페인트가 빈 곳에 붓으로 덧칠해 주고 마무리하였다.

tip 락카로 칠하기

젯소를 바르지 않는 락카로 손쉽게 페인팅을 대신하는 경우도 있다. 크기가 작고 사방을 골고루 발라야 할 경우 종이컵 같은 것 위에 올려놓고 바르면 칠하기도 좋고, 락카가 마를 동안 놔두면 되어 편리하다. 락카를 사용하기 전에 1분 정도 세게 흔들고 한두 번 뿌려 분무 상태를 확인한다. 30~40cm 정도 떨어진 곳에서 골고루 락카를 분사한다.

한 번에 다 바르려고 하지 말고 얇게 여러 번 도포한다. 5~10분 사이 간격으로 적당히 마를 때를 기다렸다가 다시 락카통을 흔들고 칠한다. 수성 페인트의 경우 바닥이 오염되면 물걸레로 바로 닦아주면 되지만, 락카는 락카 신나나 아세톤으로 닦아서 지워야 한다는 점을 주의한다.

집 안의 활기를 가져오는
소소한 인테리어 팁

**무난한 단색은 운기도 무난하다. 커튼이 단색이면 카펫과 이불커버는
무늬가 있는 것으로 해야 균형이 맞아 운기가 좋아진다.
하지만 지나치게 화려하고 두꺼운 카펫과 이불커버는 재물이 늘어나지 않게 한다.**

풍수에서는 이런 것을 '음양의 조화'라고 하지만, 인테리어 관점에서 보면 '강약'이라고 말할 수 있다. 디자인 포인트가 너무 없어도 인테리어가 밋밋해 보인다. 따라서 한 공간에 어우러지는 패브릭의 경우 서로 조화롭게 포인트를 한곳에 두는 것이 공간을 더욱 살리는 방법이다. 커튼을 단색으로 했다면 침대커버에 좀 더 강한 포인트를 주어 공간의 활기를 불어넣는 것이 좋다. 화려한 패턴의 커튼은 금방 질리기 쉽고, 두꺼운 원단은 겨울에 사용이 한정되어 다른 계절용 커튼을 또 사야 하므로 헛돈을 쓰는 셈이다.

행운은 지저분한 창문으로 들어오지 않고 낮에는 커튼을 걷어둔다.

요즘 미세먼지가 많아져서 창문이 금방 지저분해지는데 아파트의 외부 창은 닦기가 어렵다. 이럴 때는 단독주택에 살면서 창문에 물을 시원하게 뿌려서 청소하고 싶은 마음이 굴뚝같다. 우선 커튼을 열고 창문을 깨끗하게 해서 햇빛이 잘 들어오게 한다. 햇빛의 자외선 소독 효과와 적외선의 강한 열 효과를 깨끗한 창을 통해 고루 잘 들어오게 하는 것이 건강과 집 안 관리에 가장 기본이다.

SUNNY VILL
Reflec

CHAPTER 4

WINTER

일 년이 순식간에 지나가고 있다.
후회 없는 한 해였다고 자신 있게 말할 수는 없어도,
모든 날이 만족스럽지는 못했어도,
부지런히 달렸던 것만은 확실하니깐.
스스로 격려하고 위로하며
엄마도, 아내도 아닌 나로 잠시 쉬고 싶어진다.

그 전에 겨울채비를 단단히 해야겠지만.

12
DECEMBER

12월이 되면 가장 기다려지는 날, 바로 크리스마스.

산타 할아버지를 기다리는 아이들,

기쁠 때나 슬플 때나 함께 해 주는 가족들,

함께 사랑을 이야기하는 연인들 모두에게 즐거운 날이다.

또 빼놓을 수 없는 것이

연말이 되면 거리를 가득 채우던 크리스마스 캐럴이다.

그러나 언제부터인가 거리에

크리스마스 캐럴 소리가 잘 들리지 않는다.

음원 비용을 내야 하기도 하고, 얼어붙은 경제 탓이겠지.

캐럴 소리가 줄어든 만큼 연말이 마냥 즐겁지만은 않다.

그래도 아직은 산타에게 받고 싶은 선물을

쭉 적어 편지를 쓰는 아들의 순수함에 조금씩 따뜻함을 느낀다.

아이와 함께 크리스마스 트리를 꾸미며, 화이트 크리스마스를

기다리는 내 속의 순수한 어린 마음이 나온다.

그리고 트리에 작은 앵두 전구가 환하게 켜지면,

비로소 크리스마스를 온전히 즐기게 된다.

아직은 소녀소녀 하고 싶다.

우리 가족의
사랑 온도를 높이는 거실

아이들이 스마트폰과 컴퓨터에만 빠져있는 것이 걱정된다면
나부터 그만큼 TV를 멀리하면 어떨까?
가족 간 사랑의 시선을 주고받는 시간이
분명히 더 길어질 것이다.

감추는 수납이 꼭 필요한 거실

하루 중 많은 시간을 보내는 공간, 거실!
요즘에는 거실을 아이들의 놀이 공간이나 북카페, 편안한 휴식 공간 등으로 콘셉트를 확실하게 정하는 경우가 많기 때문에 목적에 맞게 수납법과 수납량을 조절해야 한다. 또한 **거실은 손님을 맞이하는 곳으로, 그 집의 인상을 좌우하기 때문에 너무 많이 수납하는 것보다 적절히 감추는 수납이 제일 필요하다.**

소파 테이블 정리

소파 테이블이나 사이드 테이블 위에는 아예 물건을 없애거나 장식품 몇 개 정도만 두고, 아무것도 놓지 않는 것을 원칙으로 한다. 자주 쓰는 연필과 가위 같은 생활용품도 손이 닿기 쉬운 거실장이나 서랍장 안에 숨겨서 정리한다.

자주 찾는 물건은 한 바구니에 정리

우리 집은 각자 외출 후에 자동차 키처럼 매일 찾는 물건을 정리하는 곳이 있다. 사실 물건을 한 곳에 던져두는 곳으로 남편은 서랍 안, 나는 잘 보이지 않는 화장대 위, 아들은 자기 방의 작은 수납장이 바로 그곳이다. 보통은 열쇠, 자동차 키, 지갑, 휴대폰 충전기, 쓰고 남은 동전 같은 것들을 집어넣는다.

외출 후 집에 돌아왔을 때 이런 물건들이 거실에 막 흩어져 있다면, 집도 어수선하고 다시 외출할 때 이것들을 찾느라 시간을 낭비하게 된다. **이런 잡동사니를 매번 잘 정리할 수 없다면, 덮개가 있는 수납함에 보관하거나 바구니에 넣고 천으로 덮어둔다. 그러면 이 물품을 찾는 시간과 정리하는 시간을 줄일 수 있다.**

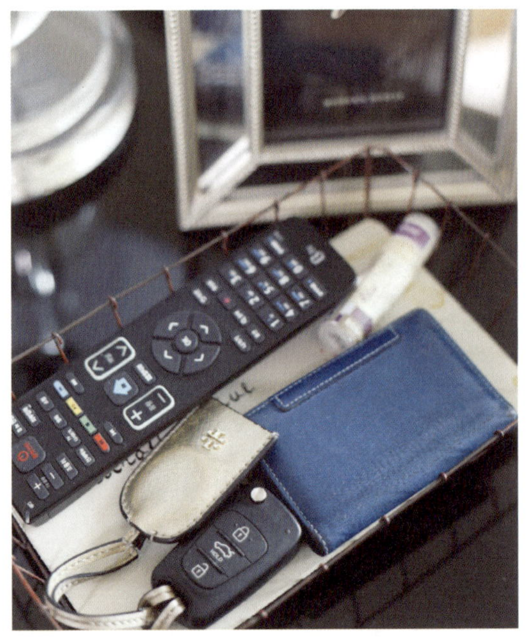

전선과 콘센트 정리

거실에는 TV와 IPTV 박스, 오디오 기기 때문에 전선
이 매우 복잡해지기 쉽다. 이 경우에는 신발 상자나 선
물 상자 등 남는 상자를 이용해서 전선과 콘센트를 숨
길 수 있는 전선 정리 상자를 만들어 사용하면 좋다.
이때 전선이 들락거릴 만큼 상자의 옆구리를 잘라주
는 것이 핵심이다. 남는 와인박스를 활용해 전선 정리
상자를 만들었다.

how to

1 와인박스에서 윗 상자 뚜껑의 옆 부분은 풀로 붙어
  있으므로 망치로 가볍게 두드려서 쉽게 떼어낸 후
  사포질하여 매끄럽게 만든다.

2 지저분한 선은 돌돌 말아 빵 끈으로 묶어 잘 정리
  해서 상자에 넣는다.

3 각 전선에 식빵 클립을 이용해 어떤 전선인지 알려
  주는 네임 태그를 붙이고 다시 꽂는다.

4 나오는 전선이 여러 개이면 빵 끈을 이용해 하나로
  묶어 정리한다.

tip 콘센트 청소하기

항상 노출되어 있는 콘센트 위나 내부에 쌓인 먼지는 플러그
를 장착했을 때 화재의 원인이 될 수 있으므로 가끔 청소해
야 한다. 드라이버를 이용하면 콘센트도 쉽게 분리할 수 있는
데, 분리하기 어렵다면 붓으로 먼지를 털어내고 물티슈로 가
볍게 닦는다.

상비약 정리

상비약은 손이 닿기 쉬운 곳에 두는 것이 좋다. 그러다
보니 거실에 상비약이 나와 있는 경우가 많은데, 가족
이 모두 찾기 쉬운 거실장을 이용하면 편리하다. 상비
약은 세워서 보관해야 필요한 약을 쉽게 찾을 수 있다.
그리고 약에도 유통기한이 있으므로 유통기한이 지난
의약품은 쓰레기통에 버리지 말고 약국에 폐의약 수
거를 맡겨야 한다.

손님 옷 · 가방 정리

손님들이 많이 오면 깨끗했던 거실도 손님들의 가방
과 겉옷 때문에 금방 지저분해질 수 있다. 이 경우에
는 가까운 방문에 도어용 행거를 달아 손님들의 코트
와 가방을 보관한다. 자신의 겉옷이 바닥에 구겨져 있
지 않으니 손님에게 대접을 받는 느낌도 줄 수 있다.

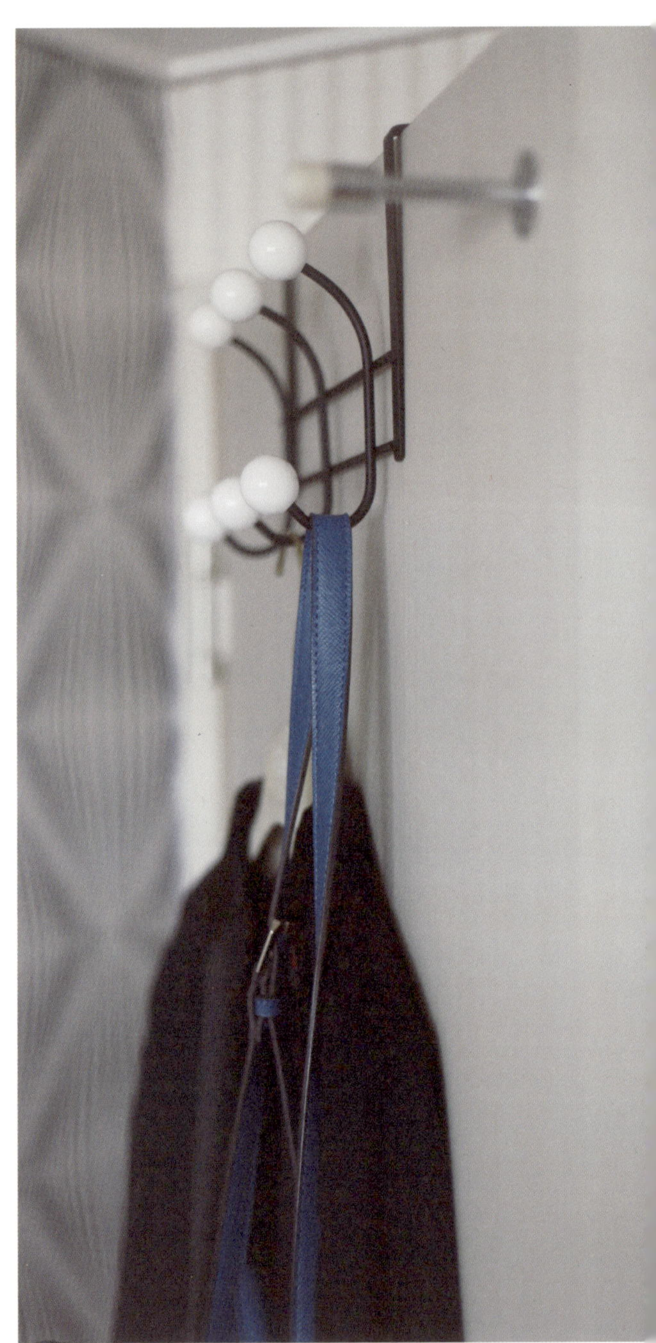

거실 청소

마루 청소

스프레이로 물을 분무하면서 마루바닥을 닦으면 먼지를 깨끗하게 없앨 수 있다. 하지만 **원목마루에 좀 더 광택을 내고 싶다면 쌀뜨물을 이용해 보자.**

깨끗한 걸레를 쌀뜨물에 담갔다 짠 후 마룻바닥을 여러 번 닦아주면 윤이 나게 닦을 수 있다. 밀대나 청소기로 밀 때는 앞뒤로 미는 것이 아니라 한쪽 방향으로 먼지를 한 곳으로 모아준다는 느낌으로 민다.

소파 아래 청소

소파 아래와 같이 손이 닿지 않는 곳에 쌓인 먼지를 청소할 때는 세탁소 옷걸이와 헌 스타킹이 유용하다. 나일론 소재로 된 스타킹은 정전기가 잘 일어나기 때문에 못 쓰는 스타킹을 버리지 말고 모아두었다가 막대기에 스타킹을 감아 구석진 곳에 휘저어주면 정전기로 먼지를 끌어당겨서 쉽게 청소할 수 있다. 옷걸이는 세탁소 옷걸이를 길게 뽑아 마름모꼴로 만들어서 사용한다.

가죽 소파 청소

패브릭 소파가 왠지 더 멋스럽고 편안해 보이지만, 청소 때문에 구매할 엄두가 나지 않는다. 그래서 청소가 쉽고 천연가죽의 고급스러움과 피부에 닿는 촉감이 좋은 가죽 소파를 많이 사용한다. 가죽 소파는 가급적 물걸레질을 하지 않도록 하고, 땀이 묻거나 오염되었을 때 즉시 마른걸레로 닦아주어야 한다. 적어도 1주일에 한 번은 마른 수건으로 세심하게 가죽 소파를 닦아주고, 2주일에 한 번 정도는 가죽 전용 클리너로 오염 물질을 닦아서 청소한다.

가죽 소파를 새로 사서 냄새가 난다면, 일단 전용 클리너나 마른 수건으로 소파를 한 번 닦아낸 후 섬유용 탈취제를 50cm 정도 거리를 두고 넓게 분무한다.

how to

1 극세사 걸레로 먼지를 닦는다. 영양크림을 극세사 걸레에 묻혀 닦으면, 오염이 제거되고 광택도 살아난다.

2 부드러운 천에 가죽 전용 클리너를 묻혀 소파를 닦으면, 먼지도 잘 달라붙지 않고 가죽 표면까지 코팅할 수 있어서 매우 효과적이다.

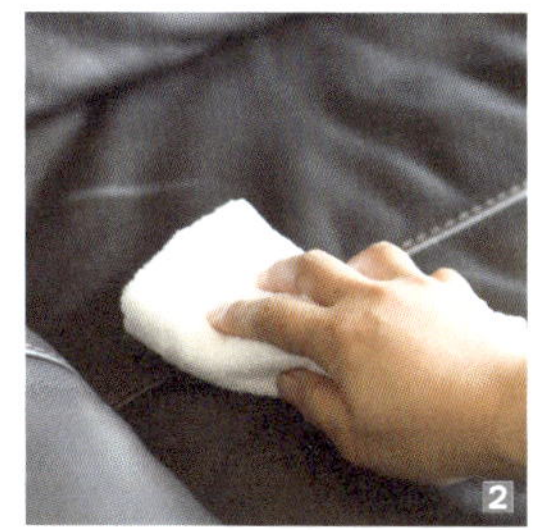

인조가죽 소파 청소

인조가죽은 외관이 천연가죽과 비슷해서 많이 사용하지만, 가죽 전용 클리너로 닦으면 표면이 오히려 갈라질 수 있다. **오염이 심한 경우는 스펀지에 주방 세제를 묻혀 소파 전체를 부드럽게 닦은 후 마른 수건으로 두 번 정도 닦는 것이 효과적이다.** 인조가죽의 광택이 사라진 경우 우유를 사용하면 가죽의 광택이 좋아지고 부드러워진다. 이때 유통기한이 지난 우유를 사용하면, 우유의 알칼리 성분이 더 많아진 상태여서 청소하기에 훨씬 좋다.

how to

1 우유와 물을 1:1 비율로 섞는다.

2 **1**에 수건을 적시고 물기를 꼭 짠 후 소파를 닦는다.

3 잔여물이 남지 않도록 마른걸레로 한 번 더 닦는다.

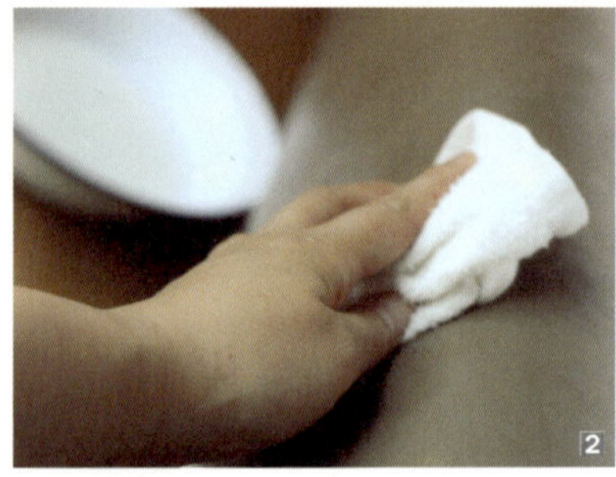

tip 거실벽에 쉽게 못질하기

거실에 하는 액자 인테리어는 집주인의 취향이 고스란히 반영된다. 요즘에는 액자 인테리어를 많이 하는 추세인데, 사실 혼자서 못을 박기는 쉽지 않다. 시멘트벽에 못질하면 못이 잘 들어가지도 않고 튀어나오거나 비뚤어져서 힘들다. 이때 두꺼운 종이를 여러 겹으로 접어서 못을 박을 자리에 대고 그 위에 못을 박으면, 못이 구부러지지 않고 쉽게 잘 들어간다. 만약 도배된 벽이 아니라 페인트가 칠해진 벽이라면, 마스킹 테이프를 열십자(+) 모양으로 붙여놓고 못질을 하면 깔끔하게 박을 수 있다.

벽에 박은 나사못이 헐거워졌을 때는 나사 구멍 사이에 이쑤시개를 부숴 넣어 공간을 채우고 나사를 조인다. 그러면 늘어난 틈새가 메꿔져서 나사못이 훨씬 단단하게 조여진다.

스위치 청소

스위치는 손때가 잘 묻기 때문에 의외로 지저분한 곳이다. 작은 곳이지만 깨끗하지 못한 인상을 주기 쉬우므로 수시로 관리해야 한다. 마른 수건으로 먼지를 닦고 구연산수를 묻힌 걸레로 닦으면 소독 효과도 있다. 그리고 구연산수가 남아 있지 않도록 마른 수건으로 닦아 마무리한다.

TV 미세먼지 청소

TV와 컴퓨터 모니터 같은 가전은 정전기가 많이 발생하기 때문에 먼지가 잘 붙는다. 이때 린스나 섬유 유연제를 사용해서 닦으면 정전기 방지 효과가 있기 때문에 청소가 쉽고, 청소 시간을 늦출 수 있다. 이때에는 가급적 잔털이 날리지 않는 극세사 걸레를 사용하면 좋다. 극세사 걸레에 린스를 한 번 꾸욱 눌러 짜고, 걸레의 면끼리 문질러 린스를 골고루 묻힌 후 모니터를 닦는다.

tip

만능 청소 도우미 베이킹소다. 하지만 TV나 모니터에 사용하면 베이킹소다의 입자 때문에 화면에 흠집이 날 수 있으니 사용하지 않도록 한다.

조명기구 청소

조명기구는 조명의 열 때문에 먼지가 끈적끈적하게 기름때처럼 찌들어 있기도 하고, 여름철 날벌레가 조명기구 안에 죽어있는 경우도 있다. 조명기구를 떼어내어 물청소를 할 수 있으면, 수세미에 주방 세제를 한 번 꾹 짜서 거품을 내어 청소하고, 깨끗한 물로 씻어낸다.

겨울철 난방비 아끼는 법

옷 여러 겹 입어 체온 높이기

체온을 1도 올리면 면역력이 5배 올라간다. 난방비 절약뿐만 아니라 내 몸의 면역력을 위해서도 따뜻하게 옷을 입고 있는 것이 좋다. 집에서도 내복이나 얇은 옷을 여러 겹 입고 수면양말을 신으면, 체온이 올라가 난방비도 절약하고 면역력도 높일 수 있다.

창문에 단열 에어캡 붙이기

창문에 공기층이 많은 단열 에어캡을 붙이면, 공기층을 두텁게 만들어 외부의 차가운 열의 전달이 떨어지고, 내부의 따뜻한 공기가 새어나가지 않는다. 단열 에어캡은 주방 세제와 물을 1:1 비율로 섞고 스프레이통에 담아 뿌린 후 붙이면 에어캡의 밀착력이 높아져서 떨어지지 않는다.

커튼 사용하기

커튼은 밖에서 들어오는 한기를 한 번 더 막아주고, 창틀 사이로 새는 실내의 열기도 막아준다. 방한을 목적으로 커튼을 할 때는 약간 두꺼운 커튼이 좋다. 뒷지를 덧대어 두께감 있게 제작하면, 겨울철 난방비를 많이 절약할 수 있다.

카펫이나 담요 사용하기

바닥에서 찬 기운이 올라오면 카펫이나 담요를 깔아 놓는다. 바닥의 한기를 막아주고 보일러를 작동하여 올린 열기가 금방 식지 않아 좋다.

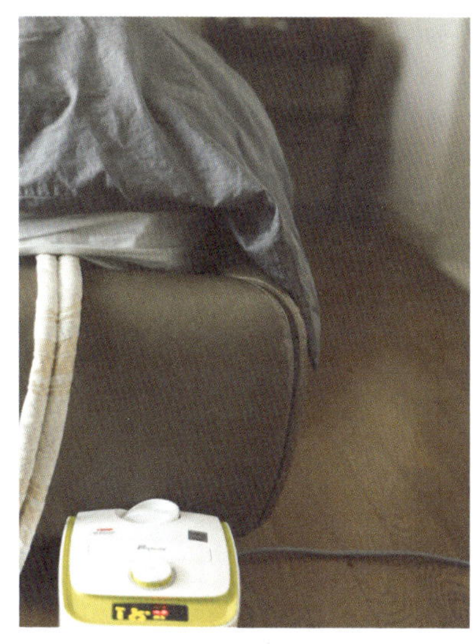

보조 난방기구 사용하기

활동하는 공간에 부분적으로 보조 난방기구를 사용하면 에너지를 아낄 수 있다. 나도 침대 위에 온수매트를 깔았는데, 잠자리가 훨씬 포근한 느낌이 들어 좋다. 그러나 전기장판과 라텍스를 함께 사용할 경우 전기장판의 온도가 너무 뜨거워지면 화재가 발생할 수 있으니 주의한다. 그 외의 보조 난방기구를 사용할 때도 꼭 화재에 주의해야 한다.

온풍기나 히터는 주변에 인화물질이 없는지 확인하고, 벽지에 불이 붙는 경우도 있으므로 벽으로부터 최소 20cm 이상 떨어뜨려야 한다. 장시간 사용하지 않을 때는 전원을 끄고 콘센트를 뽑아둔다.

가습기 사용하기

가습기를 보일러와 함께 사용하면 습도가 높아져서 실내가 금방 따뜻해지고 열을 오래 유지할 수 있다.

결로 현상 예방

컵에 얼음을 담으면 컵의 안쪽과 바깥쪽 온도차 때문에 표면에 물방울이 생기듯이 겨울철에는 실내외 온도차가 커져 집 안에도 결로가 생긴다.

결로가 생기면 곰팡이가 함께 생겨 각종 호흡기 질환을 일으킬 수 있으므로 주의해야 한다.

환기

겨울철이라 추위 때문에 환기를 안 시키는 경우가 많아 공기가 나빠지고 결로 예방에도 좋지 않다. 화장실도 환기를 잘 시키면 곰팡이가 덜 생기듯이 집 안도 하루에 30분 이상 환기를 시켜야 습기가 한 곳에 머물러 있지 않아 곰팡이를 예방할 수 있다.

중성 세제로 창문 닦기

창문에 결로가 생기면 물기가 창문 주위로 흘러내려 곰팡이가 생긴다. 이때 중성 세제로 창문을 닦으면 물기가 덜 맺혀서 결로를 예방할 수 있다.

실내 온 · 습도 조절하기

결로는 실내외 온도차 때문에 발생하므로 온도 차이가 크게 나지 않도록 20도 내외로 유지하는 것이 좋다. 건조하다고 가습기를 계속 사용하면, 오히려 결로 현상이 심해질 수 있다. 적정 실내 습도 50~60%를 유지하여 결로를 예방한다.

제습기와 단열 상품 이용하기

여름철에만 제습기를 사용할 필요는 없다. 겨울철 베란다에 결로가 생기면 제습기를 한 번씩 틀어주는 것이 좋다. 또한 단열 에어캡이나 문풍지 등을 사용하면 결로 현상을 줄일 수 있다.

style up

제거부터 설치까지
셀프 조명 교체

인테리어가 밋밋한 경우 조명이 포인트가 될 수 있다. 특히 거실 조명과 주방 조명은 인테리어의 콘셉트를 확실하게 표현해 주고, 적은 금액으로 분위기를 크게 전환해 주는 중요한 인테리어 요소 중 하나이다. 5년 동안 같은 아파트에 계속 살면서 조명을 조금씩 바꿨는데, 주방 조명은 세 번이나 교체했다. 셀프로 조명을 교체해 보면 어렵지 않아 금방 자신감이 생길 것이다.

기존 조명을 교체하는 경우에는 천장에 나 있는 구멍을 확인해서 그것을 덮을 수 있는 크기와 모양의 후렌치가 있는 조명을 구매하는 것이 좋다. 내 경우 천장의 구멍이 직사각형 모양으로 길쭉하기 때문에 원형 후렌치를 사용하지 않고 길쭉한 레일등을 사용했다. 작업하기 전에는 반드시 두꺼비집을 내려 안전사고를 예방해야 한다.

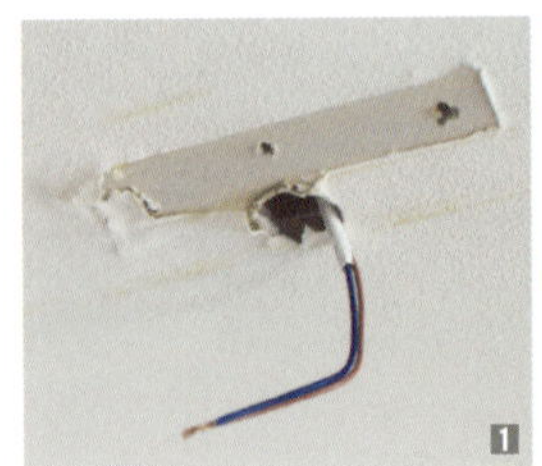   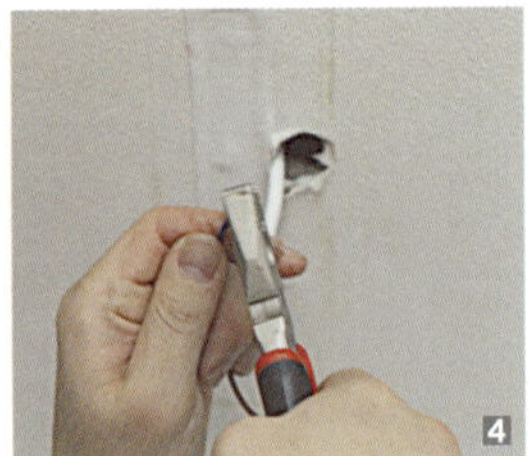

1 안쪽 너트를 풀어서 기존 조명을 철거한다.

2 천장에 못을 박을 위치를 잡고 레일에 구멍을 낸다.

3 못 박을 자리가 석고보드 천장이면 석고보드 전용 피스를 사용해서 피스를 먼저 넣는다.

4 전선의 피복을 벗긴다.

5 레일에서 나사를 풀어 단자를 떼어낸다.

6 단자에는 2개의 구멍이 있는데, 한쪽에 한 개씩 넣어준다. 이때 전선의 위치는 상관이 없다. 넣는 단자가 아니면 나사를 살짝 풀어서 전선을 끼우고 다시 조인다.

7 단자를 다시 레일에 끼우고 나사를 조인 후 천장에 피스를 박은 부분에 레일을 대고 못을 박는다.

8 레일에 조명을 달아 완성한다.

행복을 충전하는
거실 인테리어

거실은 가족들이 함께 모이는 공간으로, 현관 못지않게 풍수 인테리어에서 매우 중요한 공간이다. 특히 가구 배치가 중요한데, 전체적으로 밝고 따뜻한 컬러로 꾸미는 것이 길하다.

**집의 크기에 비해 과하게 크거나 비싼 소파는 가족을 들러리로 밀어내고
소파가 주인이 되는 주객전도 형세를 만들어서 하는 일마다 꼬일 수 있다.**

가구를 구매할 때는 집의 규모와 다른 가구와 어울리게 구매해야 한다. 소파가 아무리 크고 좋아도 집 안이 전체적으로 좋아지는 것과는 다르다. 옷을 입을 때도 코트만 비싸고, 다른 옷은 그렇지 못한 것보다 비싸지 않아도 전체적으로 깔끔하게 입는 것이 더 좋아 보인다. 이와 같이 가구를 구매할 때도 전체적인 콘셉트나 가구의 소재, 색깔을 통일해서 구매하는 것이 성공적인 구매 방법이다. 거실은 가족이 쉬는 곳인데, 비싼 소파를 모시고 사는 것보다 편안하게 가족 모두가 즐겁게 지내는 것이 더 낫다.

**리모컨을 같이 두거나 따로 두어도 상관없지만 수납 공간을 정해
사용할 때마다 쉽게 찾도록 하면 사업운과 가정운이 상승한다.**

수납 공간을 정해서 한 자리에 두면 리모컨을 찾다가 가족끼리 싸우는 일이 줄어들어 화목하게 TV를 시청할 수 있어 가정운이 상승한다는 말일 수도 있다. 리모컨이나 자동차키와 같이 매일 사용하는 물건은 위치를 정해서 한곳에 모아두면 찾는 시간과 에너지를 줄일 수 있어서 편리하다.

**다 읽은 잡지와 책을 바닥에 쌓아두거나,
철 지난 물건을 꺼내놓으면 사업운이 감소한다.**

바닥은 잡지와 책을 쌓아두는 곳이 아니다. 특히나 오래된 정보를 가진 지난 책이나 잡지
는 트렌드에 둔감하게 만든다. 또, 한정된 계절에만 쓰는 선풍기 같은 물건은 계절이 지나
고 바로 넣어두지 않으면 계절감이 없어지고 타이밍에 약해지게 만든다.

사업운과 정보운을 담당하는 컴퓨터는 꺼내두는 것만으로도 좋다.

아이들이 방에 들어가 나오지 않고 컴퓨터를 하는 시간이 늘면서 가족의 대화가 단절되는
경우가 많다. 그래서 가족이 모이는 거실로 컴퓨터를 꺼내 놓는 집이 내 주변에도 꽤 늘고
있다. 아이들을 유해한 인터넷 정보로부터 막고, 자연스럽게 가족과 함께 하는 시간을 늘
려 소통할 수 있게 하는 효과가 있다. 거실을 서재처럼 쓴다면 어린 자녀들이 있는 집은 더
욱 좋을 것이다. 단, 먼지가 많이 쌓이지 않도록 주의해야 한다.

01
JANUARY

잠잘 때가 제일 예쁜 우리 아이들.

아이를 키워본 부모라면 공감할 것이다.

아마 아이가 잠든 조용한 시간이 되어서야 아이의 사랑스러움을 느낄

여유가 생겨서겠지. 눈에 넣어도 안 아플 정도로 사랑스러웠다가, 웬수 같았다가,

그렇게 감정의 온탕과 냉탕을 오가는 시간이

하루에도 열두 번 이상 계속 반복된다.

그러다 밤 9시가 되면 마법이 풀릴 시간에 쫓기는 신데렐라처럼

아이를 후다닥 재운다. 그리고 다시 찾아오는 평온.

온탕의 따스함이 느껴질 때쯤 그제야 다시 아이를 품에 안아본다.

낮 동안 미안했던 일도 생각나고,

내일은 더 잘해줘야지, 더 재미있게 놀아줘야지 결심한다.

이렇게 예쁜 우리 아기한테 내가 왜 그랬을까? 하면서

아이가 잠에서 깰 정도로 혼자 사랑한다며 뽀뽀를 하고 머리에 땀도 닦아준다.

우리 아이들은 신진대사가 활발하기 때문에 잠을 잘 때 유독 땀을 많이 흘린다.

어른도 잠자는 동안 많은 땀을 흘리는데,

땀은 진드기의 자양분이 되어 진드기 알러지 등 피부병의 발병 원인이 되기도 한다.

그래서 침실은 항상 깨끗하게 관리해야 한다.

편안하고 아늑한
침실 만들기

요즘 부쩍 연예인이 꿈에 나타난다.
유명 연예인이 나타나는 꿈은
소원을 성취하는 좋은 꿈이라고 한다.

우리 가족 모두 좋은 꿈 꾸길~
오늘 밤도 굿나잇~

침대 정리·정돈

침실의 가장 중요한 기능은 바로 잠자리이다. 그런데 우리나라 가정의 45% 정도는 한 달에 한 번도 침구를 세탁하지 않는다고 한다. 성인 한 명이 잠잘 때 보통 300cc 정도의 땀을 흘리는데, 이것은 우리가 자주 먹는 200cc 우유 한 팩보다 많은 양이다. 이렇게 많은 땀은 진드기의 자양분이 되어 침구를 오염시킨다. 진드기 없이 침대를 깨끗하게 사용하고 싶다면 먼저 이불부터 잘 정리해야 한다.

밤새 흘린 땀이 이불 안에 배어 있으니 **일어나자마자 이불을 반듯하게 개지 말고 매트리스에 벤 습기가 날아갈 수 있도록 1~2시간 정도 이불을 침대에서 2/3 이상 걷어놓는 것이 좋다.** 또 밤새 덮던 이불을 아침에 일어나자마자 접어 옷장 속에 넣는 것도 절대 피해야 한다. 왜냐하면 옷장 속과 깨끗한 이불까지 오염시킬 수 있기 때문이다. 특히 여름철과 장마철에는 온도가 높고 습하기 때문에 침구 세탁이 어려우므로 청결에 특히 신경 써야 한다.

- 평소에 햇볕이 좋고 비교적 습도가 적은 날 통풍이 잘 되는 그늘에서 침구를 충분히 건조시킨다.
- 세탁기에 열풍 건조 기능이 있으면 이불 속 습기를 제거하고 뜨거운 바람으로 소독한다.
- 방을 수시로 환기시키고 자연광에서 건조시키는 것을 생활화한다.
- 이불장에는 습기가 잘 생기므로 이불 사이사이에 신문지를 넣어두면 간편하게 제습할 수 있다.

침구 세탁 노하우

침구 세탁의 기본

침구는 1~2주에 한 번씩 세탁하는 것이 좋다. 이때 이불에 붙어있는 침구의 패브릭 종류와 세탁법을 확인해서 세탁한다. 오염되었을 때는 반드시 전처리 작업을 거친 후 빨래해야 한다.

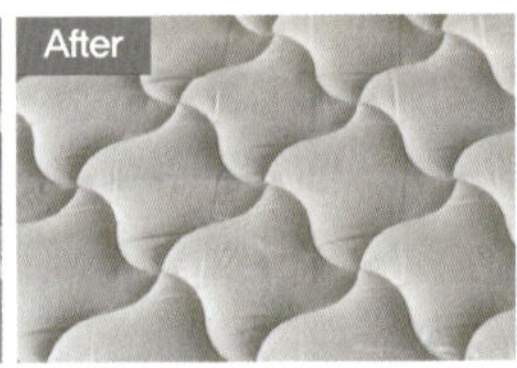

how to

1 피 얼룩 부분에 과산화수소수를 뿌린다.

2 **1** 위에 알칼리성 가루 세제를 뿌리고 가루가 날아가지 않게 문지른 후 물을 뿌린다.

3 스팀다리미로 열기가 가해지도록 스팀을 쪼여준다. 이때 스팀다리미가 이불에 직접 닿지 않게 한다.

4 세탁기에 얼룩을 뺀 이불을 넣고 세탁한다.

tip ————

침구에는 생활 얼룩(땀, 피 등)이 생기기 쉬운데, 곧바로 빨지 않으면 변색되기 쉽다.

소재별 침구 세탁법

침구 제품은 제품 자체나 별도 설명서에 올바른 세탁법이 자세히 설명되어 있다. 하지만 제대로 보지 않고 평소 습관대로 세탁하는 경우가 많은데, 요즘에는 침구의 종류가 매우 다양하기 때문에 설명서를 잘 보고 세탁법을 숙지해야 한다.

■ 기본 소재(면, 폴리에스테르, 텐셀)의 침구

가장 많이 사용하는 침구 소재는 면과 면에 나무 원료를 가미한 텐셀과 폴리에스테르이다. 이들 소재는 모두 집에서 물세탁 할 수 있어 좋다.

면 소재의 침구는 중성세제나 약한 알칼리성 세제를 모두 사용해도 되지만, 흔히 쓰는 가루 합성세제는 피하는 것이 좋다.

폴리에스테르 소재의 이불은 솜이 뭉치거나 기능성이 떨어질 수 있으므로 세탁 방법을 꼼꼼히 확인한 후 세탁한다. 그리고 다른 소재보다 빠르게 세탁해야 하고, 오염되기 쉬우므로 반드시 단독 세탁해야 한다. 면, 폴리에스테르, 텐셀 모두 보관할 때는 사이사이에 신문지를 넣어 습기를 예방하는 것이 좋다.

how to

1 세탁해도 잘 떨어지지 않는 미세먼지나 머리카락을 먼저 떼어낸다.

2 텐셀, 모달같이 매우 부드러운 소재의 침구, 자수와 장식물이 디자인된 침구는 뒤집어서 울코스로 세탁하거나 세탁망을 이용해야 손상을 최소화할 수 있다.

3 미지근한 물에 울샴푸와 같은 중성 세제를 사용해 세탁한다. 표백제는 천연 소재인 과탄산소다와 중성 세제를 1:1 비율로 첨가해서 넣는 것이 좋다.

4 세탁 후에는 오랜 시간 직사광선에 노출되면 옷감이 변색될 수 있으므로 통풍이 잘 되는 그늘에서 완전히 건조시킨다.

tip 합성세제를 피해야 하는 이유 ———

합성세제에는 세척력을 높이는 인산염, 흰 빨래를 더 희게 보이게 하는 형광증백제, 인체 세포막 재생을 방해하는 계면활성제 등이 들어있다. 이러한 성분은 대부분 자연 상태에서 분해되지 않고 몸에 직접 흡수되어 건강을 위협하므로 사용을 피하는 것이 좋다.

■ 극세사 침구

극세사 침구는 보온성이 높고 물세탁이 가능하기 때문에 겨울철에 많이 사용하지만, 부피가 커서 세탁이 어려울 수 있다. 그리고 세제 잔여물이 침구에 남아있을 수 있어서 세탁 노하우가 필요하다.

how to

1 세탁기에 부피가 큰 극세사 침구가 들어갈 수 있는지 세탁기의 용량을 확인한다.

2 30~45도 정도의 미지근한 물에 세탁한다. 이때 물의 온도가 너무 높으면 극세사 섬유 자체가 변질될 수 있으므로 주의해야 한다.

3 액상 세제를 사용한다. 가루 세제는 미지근한 물에 미리 녹였다가 사용해야 세제가 이불에 남아있지 않는다. 특히 섬유가 얇은 극세사 침구는 섬유유연제 대신 식초를 이용하면 잔여 세제 성분을 없애고 섬유를 부드럽게 할 수 있다.

4 세탁 후에는 햇살 좋은 곳에 말려서 진드기와 세균을 완벽하게 제거하고, 침구가 눌리지 않도록 맨 윗칸에 보관한다.

■ 양모 침구

양모 침구는 보온성이 좋아 겨울에 많이 덮지만, 습기와 공기를 잘 배출하는 구스이불처럼 봄과 초여름까지 사용할 수 있다. 양모 침구류도 수시로 먼지를 털고 그늘진 곳에서 건조시켜야 한다.

양모 침구는 물세탁으로 인한 수축이나 변형이 없는 제품과 그렇지 않은 제품으로 나뉜다. 만약 워셔블 가공 처리된 제품이라면, 울코스에서 중성 세제로 세탁하고, 워셔블 처리가 안 된 제품은 드라이클리닝을 해야 오래 사용할 수 있다.

tip 이불 빨리 말리기

이불의 양쪽 모서리 부분을 역삼각형 모양으로 넌다. 이렇게 하면 빨래 속 수분이 양쪽 세탁물의 모서리로 향해 떨어져서 더 빨리 마른다.

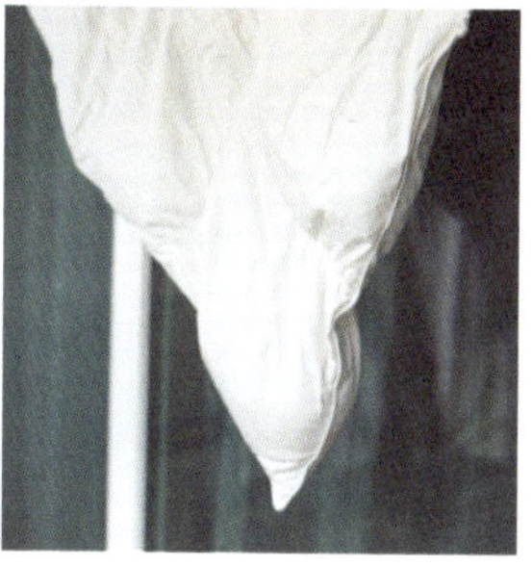

■ 구스 침구

구스 침구는 보온성이 탁월하고 가벼워서 한여름을 제외하고는 사계절 내내 사용할 수 있지만, 평소에 위생 관리를 잘해야 한다. **아침마다 먼지를 털어내고, 그늘지고 통풍이 잘되는 곳에서 건조시킨다.** 1~2시간 정도라도 일광건조를 해 주면 세균 번식을 막을 수 있다. 구스 침대는 집에서 빨래하기에는 마찰 때문에 털이 빠지고 건조시키기도 어려우므로 구스 세탁 전문점에서 세탁하는 것이 좋다. 그리고 구스와 양모 침구류 모두 자주 세탁하면 보온성이 떨어져 2~3년에 한 번 정도 세탁하고 절대로 드라이클리닝은 하지 않는다.

how to

1 불림이나 헹굼 코스를 먼저 작동하여 물을 적셔서 구스 침구의 부피를 줄여준다. 뜨거운 물을 사용하면 소재가 줄어들 수 있으므로 미지근한 물로 세탁한다.

2 전용 세제나 중성 세제를 부어준다.

3 이불 코스로 빨고, 그늘지고 통풍이 잘 되는 곳에 널어 말린다.

4 잘 건조한 후 양손 또는 테니스 라켓 같은 도구를 이용해 이불을 두드리면서 뭉친 오리털을 펴준다.

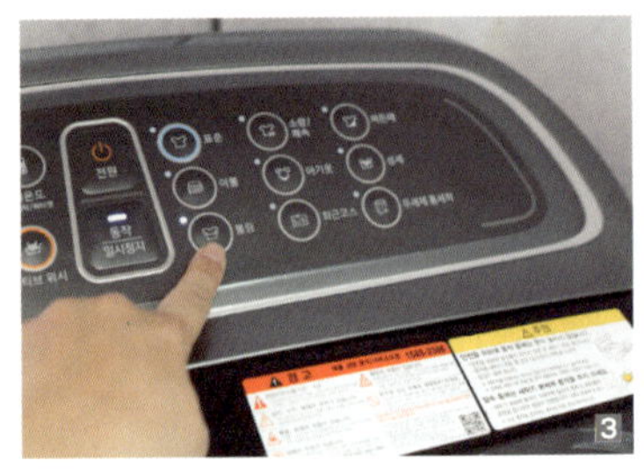

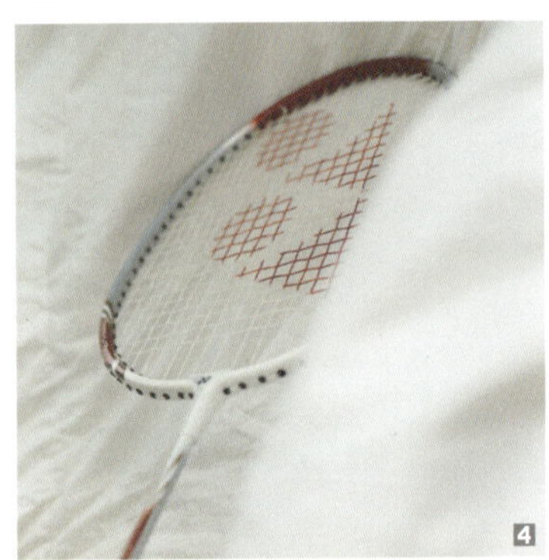

베개 솜 세탁·관리

합성솜 베개

1 베개를 3등분 한 지점을 끈으로 묶어 솜이 한쪽으로 몰리지 않도록 한다.

2 불림 → 울코스 → 탈수 순으로 세탁한다.

3 햇빛에 양면을 고르게 말리고, 양손으로 탁탁 쳐서 먼지와 진드기를 제거한 후 베개의 탄력성을 복원시킨다.

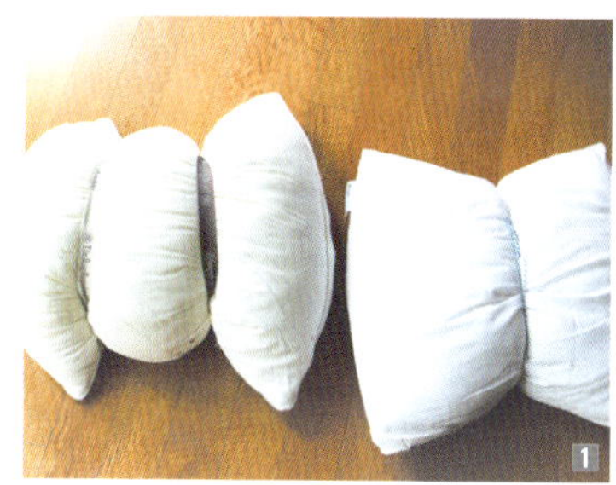

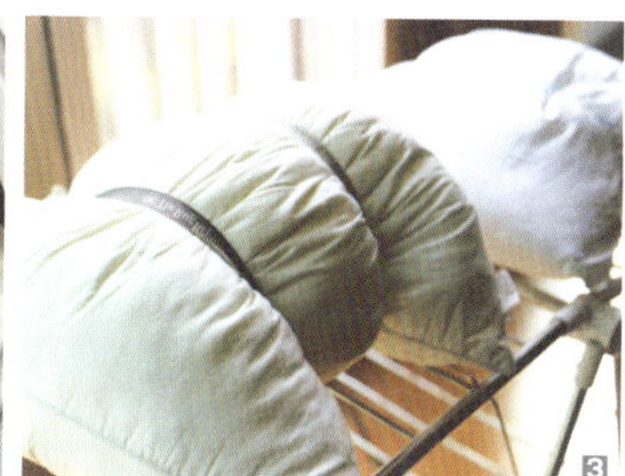

목화솜 베개와 라텍스 베개

목화솜 베개는 솜이 뭉칠 수 있고, 라텍스 베개는 모양이 틀어질 수 있기 때문에 절대 세탁하면 안 된다. 베개 커버를 벗겨 자주 세탁하고 베개솜은 침구 청소기로 청소하거나 햇볕에 말린 후 손으로 쳐서 먼지를 뺀다. 이후 구연산수나 알코올 스프레이를 뿌려서 살균하고 햇볕에 바짝 말린다.

빨 수 없는 매트리스 관리와 청소

관리법

침대 위 이불을 걷고 매트리스에 밴 땀을 말린 후 진공청소기로 먼지를 털어낸다. **한 달에 한 번은 햇볕 좋은 날 베란다나 마당에 매트리스를 내놓아 일광소독하고, 테니스 라켓 등으로 두드려서 진드기를 죽인 후 털어내는 방법이 가장 좋다.** 하지만 아파트에서는 이 방법도 쉽지 않으므로 평소에 얇은 토퍼를 대신 사용하고 토퍼를 빨아 쓴다. 또는 집먼지 진드기가 침구를 뚫고 올라오지 못하도록 방수커버를 사용하는 것이 좋다. 그리고 만들어 둔 계피 스프레이를 뿌리면 살균, 소독, 집먼지 진드기 예방에 매우 효과적이다.

만약 아이나 반려동물이 오줌을 쌌다면 즉시 따뜻한 물에 중성 세제를 풀어 수건에 묻힌 후 두드리듯이 닦고 햇볕에 말린다. 이렇게 하면 얼룩도 없어지고 소독도 된다. 매트리스를 주기적으로 3개월에 한 번씩 좌우로 돌려 방향을 바꾸고, 6개월에 한 번씩 상하로 뒤집어서 매트리스 스프링이 한쪽으로 꺼지지 않도록 조절한다.

청소법

집에 어린이나 반려동물이 있으면 방수커버를 사용하여 오염을 예방할 수 있다. 방수커버는 아이들이 매트리스에 소변을 보아도 걱정 없고, 진드기 방지에도 도움이 된다. 단, 방수 원단이기 때문에 너무 자주 빨거나 섬유유연제를 사용하면 안 되고, 찬물에 울코스로 가볍게 단독 세탁해야 한다.

how to

1 매트리스에 베이킹소다를 골고루 뿌려준다.

2 비닐장갑을 낀 손으로 골고루 살살 문질러준다. 이때 너무 세게 문지르면 매트리스에 보풀이 생길 수 있으므로 주의한다.

3 30분 정도 지난 후에 베이킹소다의 가루가 남지 않도록 청소기로 베이킹소다를 빨아들여 정리한다.

집 안에 갑자기 나타나는 벌레를 잡기 위해 자주 사용하는 판매용 살충제에는 휘발성 유기화합물 수치가 실내공기질 권고 기준의 55배가 넘는다고 한다. 천연 식자재인 계피는 매운맛과 향을 내서 진드기나 모기와 같은 해충을 쫓는 데 효과적이다.

진드기 잡는 계피 스프레이

❶ 약국에서 판매하는 소독용 알코올 한 통(250mL)에 계피 60g 정도 넣는다. 이때 레몬이나 라벤더 등 모기가 싫어하는 재료를 함께 넣어도 좋다.

❷ 2주일 정도 지나 계피의 성분이 우러나 갈색으로 변하면 사용한다.

❸ 우려낸 계피액과 물을 8:2 배율로 섞어서 이불에 넓게 분사한다. 이불에 대고 계피 스프레이를 바로 뿌리면 갈색으로 오염될 수 있으므로 멀리서 분사한다.

모기 물리치는 계피주머니

통풍이 잘 되는 거즈면이나 모시 안에 통계피를 넣어 정향주머니를 만들 수 있다. 이것을 베개 안에 넣으면 밤잠 설치게 하는 모기를 쫓을 수 있고, 여름철 야외로 소풍갈 때 아이들에게 목에 걸어주면 모기에 물리는 것을 방지하는 효과도 있다.

반려동물 냄새 잡기

강아지와 고양이는 작고 사랑스러운 반려동물이지만,
동물 특유의 냄새가 나기도 한다. 함께하는 가족만 느
끼지 못할 수도 있는 이 특유의 **냄새를 잡으려면, 베이
킹소다를 한지나 다시마팩에 싸서 반려동물의 잠자리
방석 밑바닥에 넣어두면 된다.**
혹시 카펫 위나 침구에 용변을 본 경우에는 우선 휴지
나 걸레로 닦아낸 후 그 위에 베이킹소다를 조금 뿌리
고 청소기로 빨아들이면 냄새를 걱정할 필요가 없다.

유통기한 지난 화장품 정리

화장품의 유통기한은 뚜껑을 열지 않고 외부의 공기가 유입되지 않은 상태에서 유효한 기한이다. 그런데 화장품을 보면 유통기한을 찾기 힘들기도 하고, 이 기한을 지키지 않고 지나치게 오래 화장대에 방치하는 경우가 많다. 화장품도 피부가 먹는 음식이어서 부패한 화장품을 사용할 경우 민감성 피부라면 트러블이 생기고 심각한 부작용을 겪을 수 있다. 그래서 개봉하지 않았어도 1년 6개월이 지난 화장품은 사용하지 않는 게 좋다.

스킨

스킨은 냄새와 색깔이 변하지 않았다면 사용해도 되지만 얼굴은 피하는 것이 좋다. 대신 덜 자극적인 가슴, 배 등 몸에 사용한다.

향수

병이 예뻐서 샀지만 막상 잘 사용하지 않는 향수가 한두 병은 있을 것이다. 약국에서 소독용 에탄올을 구입해서 향수와 7:3 비율로 섞고 막대기를 디퓨저로 활용할 수 있다.

이 디퓨저액을 룸 스프레이로 활용해 이불 위에 뿌려보자. 그리고 스팀다리미를 사용할 때 물에 2~3방울 섞으면 은은한 향기가 나는 드레스 퍼퓸 효과를 낼 수 있다.

로션 · 영양크림

여자라면 누구나 수분크림과 영양크림, 로션 샘플이 서랍 안에 넘칠 것이다. 이런 화장품 샘플에 살구씨가루나 흑설탕을 섞어서 팔꿈치나 발꿈치에 문질러주면 스크럽제로 사용할 수 있고, 손과 발에 듬뿍 바르고 위생장갑을 끼면 보습팩으로 사용할 수 있다.

영양크림은 헤어팩으로 활용하면 좋다. 머리를 감은 후 머리 끝부분에서 영양크림을 발라주고, 잠깐 동안 헤어캡을 쓰고 있으면 된다. 마른걸레에 영양크림을 묻혀 가죽 소파나 가죽가방을 닦으면 때도 지워지고, 광택도 낼 수 있다.

자외선 차단제

자외선 차단제는 개봉 후 6개월 안에 사용해야 한다. 유통기한이 지난 자외선 차단제는 가위에 붙은 접착제, 유리창에 붙은 스티커, 자동차에 붙은 강한 접착성의 주차 위반 스티커까지 제거할 수 있는 훌륭한 청소용 세제로 활용할 수 있다.

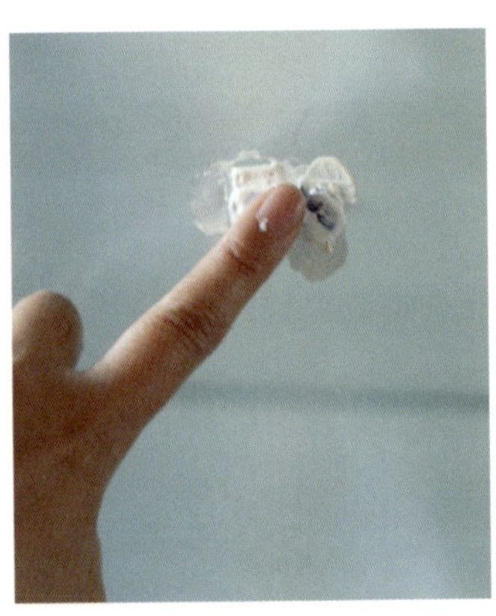

마스카라

마스카라도 개봉 후 6개월 안에 사용해야 한다. 마스카라는 제대로 관리하지 않으면 금방 굳어서 사용하지 못하는 경우가 많은데, 이때는 브러시만 사용할 수 있다. 먼저 깨끗하게 씻은 브러시를 불에 아주 살짝 달궈 뷰러 대용으로 뭉친 마스카라를 풀어줄 때나 눈썹을 정리할 때 좋다.

아이섀도

아이섀도는 다양한 색깔을 번갈아 쓰기 위해 가벼운 마음으로 사기 쉬운 아이템으로, 한 가지 색을 다 쓰는 일은 드물다. 사용하지 않는 아이섀도는 잘게 빻아서 투명색 매니큐어와 섞으면 포인트 네일로 사용할 수 있다.

투명 매니큐어

도금된 액세서리는 물이나 땀에 의해 변색되기 쉽고, 큐빅도 빠지기 쉽다. 이때 투명 매니큐어를 발라주면 오랫동안 색을 유지하면서 큐빅을 한 번 더 붙여주는 본드 역할을 한다.

화장대 정리

화장대 위에는 매일 쓰는 기초 화장품만 올려둔다. 아이섀도, 립스틱, 펜슬 같은 크기가 작고 다양한 화장품은 종류별로 칸막이가 있는 수납 바구니를 이용해 정리하고, 사용하지 않은 새 제품은 따로 보관한다. 기초 화장품은 앞에는 키가 작은 것을, 뒤에는 키가 큰 것을 두어 높이 순으로 정리해야 한눈에 찾기 쉽다. 메이크업 화장품은 사용 순서에 따라 왼쪽에서 오른쪽으로 배치한다.

액자로 만드는 귀걸이 보관대

how to

1️⃣ 오래된 액자나 거울의 유리를 떼어낸다.

2️⃣ 안 쓰는 더스트백에 귀걸이가 걸리도록 솜을 빵빵하게 넣는다.

3️⃣ 액자보다 10cm 정도 크고 넉넉하게 천을 잘라 양면 테이프로 뒷판에 붙여 깔끔히 정리하고 순간접착제나 테이프로 마무리한다.

4️⃣ 액자 뒤판을 닫고 귀걸이를 꽂아 정리한다.

style up

침실을 호텔같이!

요즘 많은 사람들이 호텔식 침구로 침실 꾸미기를 원한다. 잠이 잘 올 것 같은 포근한 느낌은 좋지만, 종류가 다양하고 세팅이 조금 까다로울 수 있다. 집에서 간단하게 호텔의 느낌을 낼 수 있는 방법이 있어 소개한다.

호텔 침구가 좋았던 이유가 무엇인지 다시 떠올려보면 제일 먼저 생각나는 것이 푹신한 이불과 베개였던 같다. 부드러운 하얀 침구, 그리고 심플하게 정리된 느낌.

푹신한 이불과 베개의 비결은 필파워가 높은 오리털을 사용한 덕분이다. 필파워는 다운이 압축되었다 풀었을 때 다시 부풀어 오르는 복원력을 말하는데, 필파워 800 이상이 고급 사양이라고 할 수 있다. 또한 가슴솜털과 깃털의 비율도 중요하다. 깃털이 많을수록 뻣뻣하고 복원력이 떨어지고 가끔 뾰족한 깃털 끝에 찔리기도 하므로 솜털의 함량이 90% 이상 함유되도록 한다. 요즘은 구스다운이 중국산 때문에 많이 저렴해졌는데, 비싸긴 하지만 헝가리나 폴란드 같은 동유럽 구스가 아무래도 질이 좋다. 그리고 털이 잘 빠지지 않게 꼼꼼하게 바느질된 제품을 선택해야 한다.

침구류는 광택이 살짝 도는 60수 이상의 고밀도 새틴이나 자카드 소재를 선택한다. 요즘은 모달 소재의 침구도 많이 볼 수 있는데, 의류에도 쓰이는 고급 소재로, 아주 부드럽지만 자주 세탁할수록 겉면에 잔털이 뭉쳐 뭉글뭉글 일어날 수 있다. 침구류의 색상은 호텔처럼 정갈하게 정리된 느낌을 주는 모노톤을 선택한다. 그리고 파이핑 정도의 간단히 장식이 들어간 침구류로 고른다.

침구에 베드 스프레드를 사용하면 더욱 정리된 느낌을 준다. 배드 스프레드는 침구를 세팅한 뒤 그 위에 블랭킷이나 간단한 패브릭을 이용해 장식용으로 덮은 덮개를 말한다. 다양한 형태로 배드 스프레드를 깔 수 있는데, 얼굴이 닿는 쪽에 이불깃을 덧대어 깔아주면 모양도 잡을 수 있고, 쉽게 더러워지는 부분만 빨 수 있어서 침구 세탁도 수월해진다. 비싼 이불 세트가 없어도 이불깃과 베개만 같은 세트로 정리해 두어도 맞춘 듯한 느낌이 드니 한번 해볼 만 하다.

우리 집 기를 살리는
가구 배치

**침실은 휴식을 취하고 에너지를 재충전하는 공간으로, 약간 어두운 느낌이 좋다.
침실은 조명과 커튼으로 온화한 분위기를 연출하는 게 핵심이다.**

가끔 현관을 열자마자 침실이 보이거나, 심지어 침대가 보이는 집이 있는데, 이렇게 배치
하면 외부의 기운이 침실로 곧바로 들어와 숙면을 취하기 어렵다. 풍수가 아니더라도 이
런 상황에서는 무의식적으로 사람의 경계심이 발동할 수 있으므로 침대의 위치를 옮기거
나, 최소한 현관 쪽에 발이라도 치는 것이 좋다.

**방의 밝기는 젊음과 건강을 상징한다. 전구가 하나만 있는 어두운 방은
사람을 늙어 보이게 만들거나 컨디션이 나빠질 수 있으므로 주의한다.**

방의 크기나 용도에 따라 필요한 밝기가 모두 다르다. 예를 들어 식탁 조명은 4인 기준으
로 20~40W 정도, 30평대 거실은 120~150W 정도인 것이 좋다. 안방은 40~60W 정도,
작은 방은 40~60W 정도가 적당하다. 이런 용도와 면적에 맞게 빛의 적정량을 생각해서
조명을 사야 한다.

**방 한가운데는 힘이 가장 많이 모이는 장소이므로
액을 떨어트리는 쓰레기통 같은 지저분한 소품은 두지 않는다.**

방의 한가운데는 훤히 잘 보이고 사람들이 많이 지나다니는 길인데, 여기에 지저분한 이미지를 주는 쓰레기통이 있으면 걸리적거리고 전체적인 이미지가 떨어지기 쉽다. 쓰레기통이 꼭 필요하다면 뚜껑이 달린 작은 것으로, 보이지 않는 곳에 두는 것이 좋다.

젊은 사람은 동쪽으로 머리를 두고 자면 재능운이 상승한다.

해가 뜨는 동쪽은 활력으로 가득 차 있어 젊음과 건강의 힘이 가장 강하다. 이런 동쪽으로 머리를 두고 자면 부지런해져 재능을 더 많이 키울 수 있다. 불면증이 있거나 숙면 취하기가 어려운 사람은 밝은 남쪽이나 동쪽보다는 북쪽으로 머리를 두고 자는 것이 좋다.

02
FEBRUARY
JOO AN

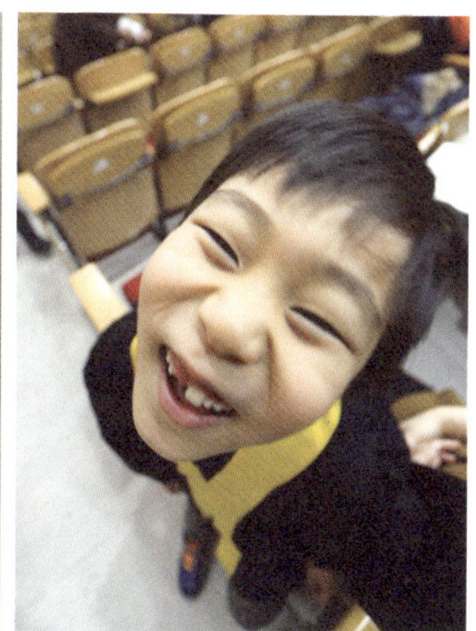

지금은 아이에게 많은 부분 마음을 비운 상태지만, 아이가 어렸을 때는 정석대로 키우려고 애를 많이 썼다.

아마도 첫아이를 키우는 거의 모든 엄마들이 거치는 과정이었을 것이다.

한 예로 아이가 태어날 때부터 아이방을 만들어 6개월부터는 따로 재우는 것이 좋다고 해서

밤중 수유를 열심히 떼고 힘겹게 따로 자기에 성공했다.

그런데 9개월쯤 되던 어느 날 새벽기도를 다녀왔는데, 아이가 아빠 옆에서 곤히 자고 있었다.

아이가 스스로 걸어 아빠에게 왔단다.

그쯤부터 걷기 시작했는데 스스로 문도 열고, 기고, 걷고 해서 온 것이다.

그때부터는 따로 재우기를 포기했다. 따로 재워봐야 다시 걸어서 오니까.

초등학생이 된 아이를 아직도 끼고 잔다. 정말 학교에 입학하고부터는 따로 재워야지 했는데,

그게 또 잘 안 된다. 아이가 떼를 부리기도 하지만 솔직히 내가 보내기 싫다.

잠자기 전에 나를 팔베개해 주는 것도 좋고, 잠결에 엄마를 꼭 안아주는 아들이 너무 좋다.

그래도 이제는 진짜 보내야 하는데…….

사랑하는 아이,
깨끗한 집에서
건강하게 키우기

아이가 유치원을 졸업하고 초등학교에 입학하는데,
내가 더 떨렸다.
무엇을 어떻게 해야 할지 전혀 모르겠고 조심스러웠다.
엄마가 떨고 걱정하면 아이도 덩달아 걱정할까봐
엄마는 그냥 아이 놀이방을 정리하면서
기도로 마음을 진정시켰다.

안전하게 아기방 정리하기

호기심이 왕성하고 스스로 컨트롤이 어려운 어린아이의 방을 정리할 때 가장 중요한 것은 사고를 일으킬 만한 위험 요소를 제거하는 것이다. 어른에게는 전혀 문제가 되지 않아 놓치기 쉬운 요소가 많으니 주의해서 정리정돈을 해야 한다.

■ 늘어진 전선을 정리한다.

아이들이 의외로 전선을 좋아한다. 그래서 전선을 잡아당기거나 전선 코드의 끝을 입으로 물기 때문에 아이들의 손이 닿지 않도록 잘 정리해야 한다. 반려견과 반려묘에게도 전선은 좋은 장난감이 될 수 있으니 전선을 잘 정리하는 것은 매우 중요하다.

■ 거울, 액자 등 유리제품을 정리한다.

아이의 손이 닿는 곳에 걸린 긴 거울이나 깨지기 쉬운 액자를 정리한다. 아이의 호기심이 조금씩 왕성해지면서 무엇이든지 잡고 일어설 수 있을 때가 되면, 무조건 만져보고 던지기 때문에 깨지기 쉬운 물건은 아이의 활동 범위 밖으로 정리한다.

■ 블라인드 손잡이를 정리한다.

블라인드 손잡이에 목이 졸려 위험해지는 경우가 많이 발생하므로 아이의 손에 닿지 않게 정리한다. 어른 키 정도에서 묶어 정리하는 것이 좋다.

■ 아이가 의자를 잡고 일어나는 경우가 많으므로 바퀴가 달린 의자는 위험하다.

■ 콘센트에 손을 집어넣지 않도록 덮개를 사용한다.

■ 밖을 보기 위해 창문 옆에 상자나 의자 등을 밟고 올라갔다가 떨어질 수 있으므로 아이가 올라갈 만한 것을 주변에 두지 않는다.

아이에게 도움이 되는 일석이조, 수납·정리

스스로 정리 습관을 갖게 하는 수납법

정리정돈을 잘하려면 기본적으로 조직화 능력이 발달
되어 있어야 한다. 그래서 이 시기의 아이들이 대부분
정리정돈을 못하는 것은 어쩌면 당연하다.

우선 하루 한 번 잠자리에 들기 전에 큰 바구니나 상
자에 물건을 한꺼번에 집어넣는 것부터 정리정돈 연
습을 시작하는 것이 좋다. 수많은 장난감이나 잡동사
니들을 제대로 정리하려면 끝이 안 날 수도 있기 때문
에 유아용 가구와 슬라이딩 바스켓이 세트로 된 장난
감 수납장을 써도 좋다. 또한 책장의 하단부에 사이
즈와 컬러를 통일시킨 수납상자만 사용해도 잘 정리
할 수 있다. **수납상자는 20% 정도의 여유 공간이 있
어야 잘 정리하지 못하는 아이여도 물건을 쉽게 집어
넣을 수 있다.**

각각의 장난감이 들어갈 자리를 정하고, 그곳에 장난
감 사진이나 그림을 붙이면 아이가 수납에 재미를 느
낄 수 있다. 예를 들어 수납장에 자동차, 인형, 스케치
북 등의 그림을 붙여놓고 그에 해당하는 물건을 넣게
하는 것이다. 그러면 아이의 분류, 짝짓기 등의 기초
학습도 겸할 수 있다.

자기 주도성을 기르는 옷 정리법

아이가 성장하면서 점점 자기주장이 생기면, 유치원에 갈 때 입을 옷을 고르는 데 1시간이 넘게 걸리기도 한다. 이렇게 아이 스스로 할 수 있는 일이 생기는데도 시간이 없다고 한다면 부모의 취향에 따라 일방적으로 아이 옷을 부모가 고르면 아이의 자립심을 꺾을 수 있다. 이런 경우에는 아이에게 "파란 털옷 입을까, 아니면 곰돌이 티셔츠 입을까?" 하고 두어 가지 정도의 선택권을 주어 아이가 고르게 하면, 시간도 절약하고 자립심도 키울 수 있다. 아이가 좀 더 크면 아이 눈높이에 맞춰 120cm 미만의 어린이 옷장과 서랍장을 마련해 주자. 그러면 스스로 물건과 옷을 정리하고 사용하는 습관을 갖게 되어 독립성과 자발성을 키울 수 있다.

tip 어깨 폭이 좁은 아이 옷 정리하기

초등학교 입학 전 아이의 옷은 어깨 폭이 좁고, 길이가 짧다. 그래서 긴 옷장에 압축봉 2~3개를 설치하여 걸면 좀 더 많은 옷을 정리할 수 있다.

또한 세탁소 옷걸이를 이용하여 아이만의 전용 옷걸이를 만들어 보자. 아이가 스스로 옷 정리하도록 하는 데 도움도 되고, 엄마도 좀 더 편하게 아이 옷을 정리할 수 있다.

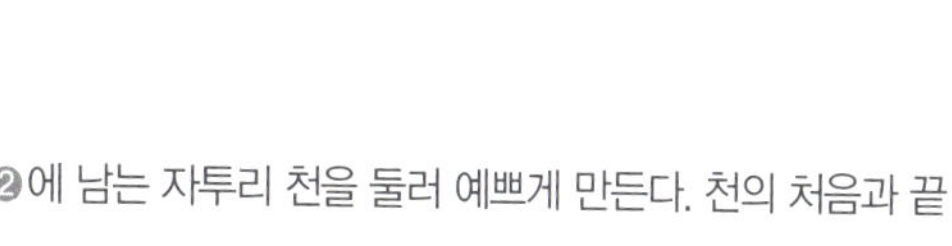

아이 전용 옷걸이 만들기

❶ 아이 어깨에 맞춰서 세탁소 옷걸이를 손으로 구부린다.

❷ 아랫부분을 잡고 내려 옷 모양을 만든다.

❸ ❷에 남는 자투리 천을 둘러 예쁘게 만든다. 천의 처음과 끝을 글루건으로 붙여서 떨어지지 않게 마무리한다.

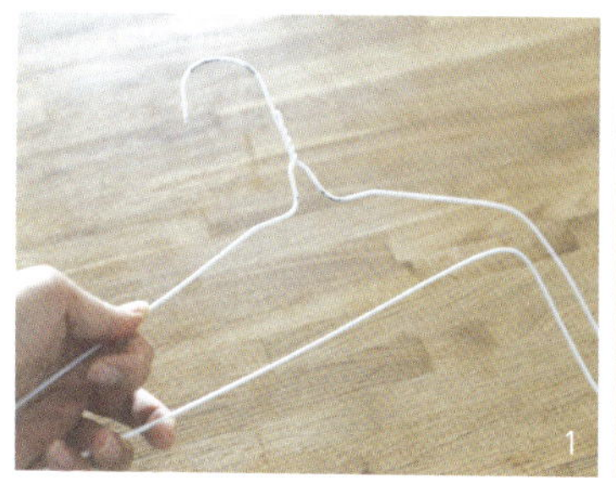

독서 습관을 키워주는 정리법

엄마들은 내 아이가 많은 책을 읽기를 원한다. 하지만 이 시기 대부분의 아이들은 봤던 책을 보고 또 보면서 익숙한 이야기에서 심리적 안정감을 느끼고, 머릿속에 상상의 그림을 그려나가는 것을 좋아한다.

많은 독서전문가는 열 권의 책을 한 번씩 읽는 것보다 한 권의 책을 열 번 읽는 것이 더 낫다고 추천한다. 그러므로 특별히 아이가 자주 보는 책은 침대 옆이나 놀이 공간 바닥 등 닿기 쉬운 곳에 두어 아이가 손쉽게 책을 꺼낼 수 있게 하는 것이 좋다. **방 한 곳에 자주 보는 책 몇 권을 바구니에 넣어둔다면, 아이가 놀다가도 자연스럽게 책을 펼칠 것이다.**

서점에서 잘 나가는 신간을 표지가 잘 보이도록 눕혀놓는 것처럼 새로운 책에 호기심을 갖게 하고 싶다면, 아이 손이 쉽게 갈 만한 곳에 표지가 잘 보이도록 두어 아이의 호기심을 자극한다.

전집의 경우 읽은 책에는 책등에 작은 스티커를 하나씩 붙여주거나 위아래를 뒤집어놓는 것도 아이들의 성취감을 높이는 좋은 방법이다.

수학의 기초, 분류 정리법

'수학'이라고 하면 더하고 빼는 연산부터 생각하지만, 수학은 논리적 사고력이 기초가 되는 학문이다. 따라서 크기와 양을 비교하고, 모양과 색에 따라 분류하며, 모형을 이해하는 생활이 수학의 기초인 것이다. 레고나 교구를 색상별로 분류하거나, 옷장에서 상의, 하의, 양말, 속옷 등으로 정리하는 사소한 것들이 아이의 수학 학습의 기초가 될 수 있다.

장난감과 놀이기구 세척

플라스틱 장난감

초등학교 입학 전에 놀았던 장난감은 대부분 플라스틱 제품이다. 구석구석 닦기 어려운 플라스틱 장난감은 큰 용기에 담아 한번에 세척한다.

how to

1 플라스틱 장난감(레고)을 큰 용기에 담는다. 물빠짐이 되는 통이 좋은데, 레고의 양이 많다면 아기 때 사용하던 휴대 욕조도 큼직하고 물 빠짐 구멍이 있어 좋다.

2 따뜻한 물에 중성 세제를 풀고 베이킹소다를 1~2Ts 넣어 준다. 뜨거운 물은 플라스틱 장난감에서 환경호르몬을 유출시킬 수 있으므로 미온수를 사용한다.

3 장난감을 살살 문질러 씻고 심한 때는 스펀지를 이용해 닦아준다.

4 물기를 빼고 햇볕에 말린다.

원목 장난감

환경호르몬이 나올 수 있는 플라스틱을 대체하고 원목이 주는 편안한 감성 때문에 원목 장난감을 점점 선호하고 있다. 하지만 제대로 세척하지 않으면 오히려 세균의 온상이 될 수 있다.

how to

1 원목 장난감은 물과의 접촉을 최대한 줄이고 평소에 마른 수건으로 수시로 닦아준다.

2 잘 닦이지 않는 사이사이에 낀 먼지는 면봉이나 솔을 이용해 닦아준다.

3 구연산수를 뿌려서 소독하고 햇볕에 잘 말린다.

페브릭 장난감

아이들이 자주 물고 빠는 인형은 미온수에서 아이 옷 전용 세제와 세탁망을 이용해 울세탁 코스로 세탁한다. 아이의 책에도 페브릭 소재가 많이 쓰이는데, 비닐 때문에 뿌지직 소리가 나는 촉감책과 알루미늄 거울이 달린 헝겊책은 손빨래하는 것이 좋다. 뜨거운 물로 세탁하면 줄어들 수도 있으니 주의해야 한다. 건전지가 들어있어 소리가 나는 헝겊책은 물 세탁 시 고장의 원인이 되고 녹이 생길 수도 있으므로 제균 스프레이를 뿌려서 관리한다.

놀이 매트·놀이용 기구

놀이 매트는 물티슈와 걸레로만 닦으면, 겉면만 닦일 뿐 구석구석까지 잘 닦이지 않는다. 이럴 때 매직블럭을 이용하면 놀이 매트의 구석구석까지 깨끗하게 닦을 수 있다. 아이들이 음식물을 흘리거나 지저분한 발바닥으로 오염된 놀이 매트는 구연산수를 뿌려 소독하고 매직블럭으로 매트를 닦은 후 깨끗한 마른 수건으로 닦아 마무리한다.

tip 크레파스 자국 지우기

원목가구에 크레파스 자국이 생기면, 가는 샌드페이퍼로 곱게 갈아내고 식물성 오일을 마른 수건에 묻혀 코팅해 준다. 원목가구 외에 MDF에 시트로 마감한 가구는 부드러운 천에 치약을 묻혀 크레파스 자국을 닦으면 잘 지워진다.

❶ 크레파스를 지우는 데는 연마작용이 탁월한 치약을 마른행주에 묻힌다.

❷ 치약을 묻힌 마른행주로 크레파스 자국을 문질러 준다.

❸ 크레파스 자국이 감쪽같이 사라진다.

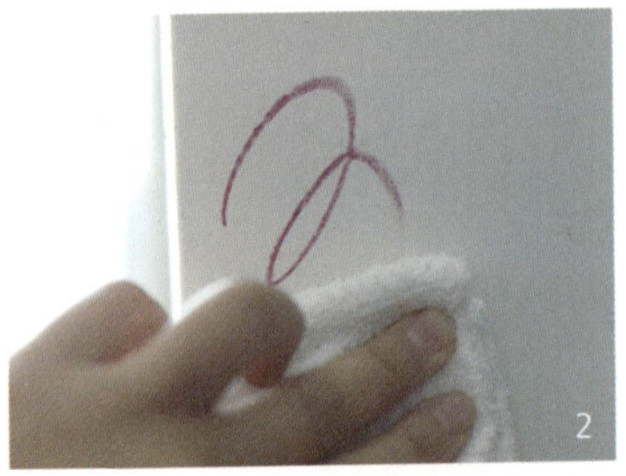

공부방 가구 배치 · 정리

책상 · 책장 배치

아이의 학습력을 길러주는 가구 배치는 따로 있다. 책상은 창을 등지거나 햇빛이 비스듬히 비치는 자리에 배치한다. 일반적으로 책상을 남쪽 방향에 배치하는 것이 좋다고 생각한다. 하지만 채광이 일정하게 유지되고, 빛이 적게 들어 심리적으로 안정감을 주는 북쪽에 배치하는 것이 공부방에 더 적합하다. 책상의 위치 변경이 어렵다면, 블라인드나 롤스크린 등을 활용해 햇볕이 직접 들어오지 않도록 창의 면적을 최소화한다.

책상에 앉았을 때 침대가 보이지 않게 배치하고, 침대와 책상이 한 공간에 있으면 침대가 잠자는 가구로 인식되지 않도록 여러 개의 쿠션을 놓는다.

아이가 불안감을 느끼지 않도록 출입문을 등지지 않는 것도 중요하다. 책장은 한 곳에 일렬로 배치하고, 문을 여닫을 때 방해가 되지 않도록 한다.

책상 · 책장 정리

책장은 책상 앞보다는 따로 분리되어 있거나 책상 옆에 배치하는 것이 좋다. 책상 앞에 책장이 있으면, 책 때문에 주의가 산만해질 수 있기 때문이다. 책장에도 책이 너무 많으면 어수선해 보이므로 부분적으로 문을 달아준다.

공부가 끝난 학습지는 과감히 버리고, 마음에 안정이 되고 공기정화가 되는 화분을 두는 것도 좋다. 책상에는 변기보다 세균이 많으므로 자주 손걸레로 닦아 주고, 오염된 부분은 지우개로 닦는다.

문구용품 정리

다 쓴 필기구는 버리고, 자주 사용하는 필기구만 책상 위에 올려놓는다. 이 시기에는 문구용품을 선물로 많이 받는데, 항상 굴러다니는 것 같으면서 막상 쓰려고 할 때 없는 경우가 많다. 새로운 색연필과 연필, 사인펜은 분류해서 케이스 상태 그대로 따로 보관하다가 필요할 때 꺼내 쓴다. 케이스가 없거나 여분의 문구용품은 종류별로 투명한 지퍼백에 넣은 후 비슷한 종류끼리 정리하고 손이 자주 닿지 않는 곳에 보관하는 것이 좋다. 세트 문구용품에서 색을 다 썼거나 없어진 문구는 부족한 색만 꺼내고 세트를 채워서 사용한다.

서랍 정리

서랍에는 가장 많이 사용하는 것은 가까이에, 그렇지 않은 것은 멀리 정리한다. 예를 들어 가장 윗 서랍에는 자주 사용하는 문구류를, 두 번째 서랍에는 가끔 사용하는 문구류나 전자류를, 세 번째나 마지막 서랍에는 예체능용품을 수납한다.

상장 · 작품 · 체험학습 정리

종이류는 클리어 파일에 보관하고, 입체 작품은 선반이나 책장에 진열한다. 이것들은 주기적으로 사진을 찍어 사진으로 보관하고 버리는 것이 좋다.

tip **숨은 공간 활용하기**

침대 밑과 같은 숨은 공간을 찾아내거나, 수납이 가능한 스툴 의자와 같이 수납력이 뛰어난 가구를 선택한다.

레고 정리

레고 같은 장난감은 고학년 때도 가지고 노는 경우가
많다. 레고는 아이들의 성향에 따라 정리법이 나뉜다.
설명서 그대로 만들기를 좋아하는 아이는 시리즈별
로 정리하고, 새롭게 다양한 방법으로 만드는 것을 좋
아하는 아이는 벌크로 한데 모아 정리한다. 이때 색깔
별, 브릭별로 레고를 정리하면 좋다. 그리고 만든 레
고를 잘 보이는 곳에 전시해 두면 아이의 자존감을 높
일 수 있다.

style up
아이를 위한 원목가구
제대로 알고 구매하기
style up

요즘에는 원목 재질의 아이 가구를 많이 선호한다. 원목가구는 따뜻한 질감과 느낌 때문에 아이들 정서에 매우 좋고, 튼튼하고 질리지 않아 잘 관리하면 오래 사용할 수 있다. 그런데 같은 디자인이라도 나무의 종류에 따라 가격대가 매우 다양해서 결정하기가 쉽지 않다. 이때 간단하게라도 원목의 특성을 알고 있으면 가구를 결정하는 데 도움이 된다. 원목은 내구성에 따라 크게 '소프트 우드 soft wood'와 '하드 우드 hard wood'로 나눌 수 있다.

소프트 우드

소프트 우드는 말 그대로 밀도가 낮아 내구성이 약한 스프러스, 소나무 등의 원목을 말한다. 가격이 저렴하고 도장할 때 발색이 잘 되지만, 변형률이 높고 찍힘에 약하다. 아이의 침대로는 좋지만 책상이나 책장으로는 스크래치가 많이 날 수 있다.

■ 스프러스 Spruce

스프러스는 제일 저렴한 원목 소재여서 대중적으로 많이 쓰이며, '가문비나무'라고도 부른다. 원목 자체는 밝은색을 띠고, 발색이 뛰어나 원하는 색상으로 페인팅하기 쉽지만, 옹이가 선명해서 산만한 느낌을 주기 쉽다.

■ 소나무

적송, 뉴송, 레드파인 등이 소나무에 속하는 원목으로, 가장 흔하게 사용한다. 소나무는 책상에서 책장, 침대까지 폭넓게 제작되고 있는데, 옹이 때문에 산만한 느낌이 든다면 옹이가 없는 무절뉴송을 선택하여 좀 더 깔끔하게 제작할 수 있다.

하드 우드

하드 우드는 내구성이 높고, 변형률이 낮은 애쉬, 오크, 티크 등의 원목을 말한다. 내구성이 높고, 휨이나 변형률이 낮으며, 나뭇결이 자연스러워서 소프트 우드보다 눈의 피로감이 덜하면서 고급스러운 느낌이 난다. 하지만 가격이 비싸고 소프트 우드에 비해 무거운 편이다. 책상 테이블은 하드 우드로 제작해야 오래 사용하면서 스크래치나 흠집에 대한 스트레스를 줄일 수 있다. 침대도 하드 우드를 사용해야 아이들이 뛰어놀 수 있다.

■ 엘더 Elder

소나무급 이상의 엘더 원목은 강도가 높으면서 가격이 저렴하기 때문에 요즘에는 엘더도 많이 선호하고 있다. 엘더는 대체로 집성목이 많고 가격 면에서 메리트가 있다. 따라서 처음 원목을 구입하는 데 가격이 부담스럽다면, 엘더를 선택하는 것도 좋다.

■ 애쉬 Ash

애쉬는 물에 담가두면 물이 푸른색으로 변한다고 해서 '물푸레나무'라고도 부른다. 애쉬는 선반을 만들 정도로 목질이 단단하고, 색감이 밝으며, 무늬가 예뻐서 가구 제작에 적격이다. 하지만 중국산

소나무

엘더

애쉬는 원목 자체의 내구성이 낮고, 소홀히 관리하면 물을 머거니 변형 빛 휘어질 수 있으니 구매할 때 원목의 원산지를 꼭 확인해야 한다.

■ 오크 Oak

밝은 황색이나 붉은색이 있는 오크는 하드 우드 중에서도 조금 비싼 원목이다. 오크는 무늬의 결이 예뻐서 인기가 많다. 물론 중국산 오크도 많아 시중 브랜드에서도 저렴한 오크 테이블을 찾아 볼 수 있다.

■ 월넛 Walnut

월넛 원목이 비싸서 사실상 국내에서는 무늬목을 많이 쓰고 있다. 무늬목은 천연 원목을 종이처럼 얇게 만든 후 접착제를 이용해 가구에 붙이는 마감재이다. 즉 MDF 위에 천연 원목을 시트지처럼 접착해서 사용한 것이므로 엄밀히 말해서 원목 가구라고 할 수 없다. 무늬목 가구를 고를 때는 내부 MDF의 등급도 확인해야 하는데, 이때 E0 등급 이상(E1 : 실내 사용 면적 제한. E2: 실내 사용 금지)이면 친환경적인 소재이다.

애쉬

월넛

풍수 인테리어에서 찾은 살림의 지혜 +

내 아이에게 좋은 기운을 주는
인테리어

내추럴한 가구는 풍수적으로 집의 운기를 높여주어 아주 좋다.

아이들 장난감으로는 차가운 느낌의 플라스틱이나 철제 장난감보다 따뜻한 느낌의 원목 장난감이 좋다. 원목이 주는 자연적이고 친환경적인 느낌이 아이들의 정서 발달에 훨씬 좋기 때문이다. 가구도 친환경 소재의 원목가구가 편안하고 안정된 느낌을 준다. 특히 소프트 우드보다 양질의 하드 우드를 사용하면 원목을 오랫동안 잘 사용할 수 있다. 세월이 지나도 세련되고 멋스러운 느낌을 주는 가죽제품처럼 원목가구도 손때 묻은 느낌이 더 자연스럽고 세월의 멋이 녹아들어 보기 좋다.

빨간색은 의욕과 활력을 주는 색이지만, 쉬는 장소인 침실에 빨간색을 사용하면 기분이 들뜨기 때문에 건강운이 떨어진다.

컬러 테라피는 각각의 색채가 주는 에너지를 이용해 심리나 뇌 활동을 다르게 자극시키는 정신요법으로, 꾸준히 사람들에게 관심 받고 있는 분야이다. 예를 들어 노란색과 주황색은 교감신경과 부교감신경을 자극해서 뇌의 정보 처리 기능을 촉진하고 학습 능률을 향상시킨다. 초록색은 마음을 편안하게 해 주는 색으로, 스트레스 해소와 집중력 강화, 혈액 순환 등에도 도움이 된다. 보라색은 정서적인 자극이 큰 컬러로, 창의력과 감수성을 자극하고, 파란색은 빛의 스펙트럼에서 짧은 색으로 에너지를 정제시키면서 집중력을 높여준다.

물론 이러한 색을 적당한 장소에 적당한 비율로 적당하게 사용하는 것이 좋다. 노란색이 학습 능률을 향상시킨다고 해서 방 전체를 노란색으로 칠한다면 어떨까? 마찬가지로 빨간색이 의욕과 활력을 주지만, 쉬는 침실을 빨간색 벽지로 도배하는 것보다는 붉은 소품이나 가구의 포인트와 같이 일정한 비율 정도로만 사용하는 것이 좋다. 풍수 인테리어도 지나치게 넘쳐서 좋을 것은 없다.

든든한 도우미,
살림 필수품 원리 알기!

베이킹소다, 식초, 과탄산소다 등을 이용한 살림법은 이미 TV 프로그램이나 책에서 다양
하게 소개하고 있어서 우리에게 더 이상 낯설지 않다. 하지만 들은 정보는 많은데, 돌아서
면 금방 잊어버리고 당장 지금 무엇을 사용해야 하는지 잘 판단되지 않을 때도 많다. 게다
가 사용하고 나서도 진짜 효과가 있는 것인지 의문이 들기도 한다. 이것은 사용해야 되는
이유, 원리를 잘 이해하지 못했기 때문이다. 원리를 알면 억지로 기억하지 않아도 집에 있
는 것만 사용해서 더 효과적으로 살림에 유용하게 활용할 수 있다.

다재다능한 천연세제의 숨은 원리

베이킹소다

■ 중화 작용

베이킹소다는 약알칼리성 물질로, 산성과 만나면 중화가 된다. 옷에 묻은 오염과 음식물에서 나는 악취는 산성을 띄는 경우가 많다. 따라서 베이킹소다를 이용하면 악취를 없앨 수 있어 빨래할 때 오염 제거와 탈취 역할을 하는 등 다양하게 활용할 수 있다.

■ 연마 작용

베이킹소다가 물에 녹으면서 결정의 각이 둥글어지고, 이렇게 둥근 결정체들이 모여서 요철을 만들고 때를 부드럽게 빼는 작용을 한다. 그래서 베이킹소다로 냄비나 그릇을 씻을 때는 가루를 그대로 사용하는 것보다 물과 1:1 정도의 비율로 섞어서 걸쭉하게 만든 후 베이킹소다 페이스트로 청소하면 훨씬 더 쉽게 청소할 수 있다.

■ 발포

베이킹소다가 중화반응을 일으키면 탄산거품과 미세초음파가 발생하는데, 이 거품은 때를 부풀리는 역할을 하고 미세초음파는 때를 빼주는 역할을 한다. 약알칼리성의 베이킹소다가 중화반응을 일으키려면 산성이 필요하다. 그래서 보통 식초를 사용하는데, 식초가 없으면 산성인 구연산을 사용하고, 구연산이 없으면 레몬즙도 가능하다.

■ 연수

베이킹소다는 물 속의 미네랄을 흡수하여 부드러운 연수로 만든다. 이 원리를 이용하여 베이킹소다 3스푼, 클렌징오일 2번 정도 펌핑해서 입욕제로 이용하면 좋다.

구연산

구연산은 주로 귤, 레몬 등에 들어 있는 무색무취의
염기성 결정체로, 당밀을 발효시켜서 얻은 천연성분
이다. 쉽게 말해서 감귤과 레몬에는 구연산을 비롯
해 비타민C 등 다양한 성분이 많지만, 그 중 살림하
는 데 필요한 구연산만 추출한 것이다. 구연산이 효
능은 가장 좋지만, 구연산이 없을 경우에는 식초나
레몬도 된다. 만약 구연산이 20 정도 들어있는 레몬
으로 100인 구연산의 효과를 내려면 얼마나 많은 레
몬을 사용해야 할지도 생각해 보자. 또한 레몬의 다
른 영양소가 남아 있을 경우 미생물들의 영양분이
될 수 있다는 것을 유의하고, 깨끗이 마무리해야 하
는 것도 명심해야 한다.

■ 중화작용(산성)

베이킹소다가 약알칼리성으로 산성과 만나 중화반
응을 일으켰다면, 구연산은 산성으로 알칼리성과 만
나 중화반응을 일으킨다. 이런 원리로 물때를 잘 없
애는데, 스테인리스 종류의 싱크대나 수전의 표면을
닦을 때 구연산을 사용하면 좋다.

■ 소독

산성의 성질은 소독작용을 하는데, 비병원균을 모두
없애는 살균이라기보다 병을 일으키는 병원균을 없
애는 소독 정도라고 할 수 있다. 특히 가습기나 전기
포트를 소독할 때 구연산을 사용하면 좋다. 물론 구
연산이 없으면 레몬즙이나 식초도 가능하다.

■ 발포

베이킹소다와 반응해서 발포가 되는데, 가루 형태의
구연산을 베이킹소다와 섞을 때는 중매역할의 물이
필요하다. 이때 가급적 뜨거운 물을 사용하면 좀 더
효과적으로 청소할 수 있다.

과탄산소다

시중에서 판매하고 있는 세제를 쓸 때는 뒷면을 잘 살펴본 후 함유된 주재료만 직접 써보기도 한다. 예를 들어 과탄산소다를 쓰게 된 것도 친환경 표백제로 알려진 '넬리'를 쓰다가 뒷면에 과탄산소다가 적혀있어서 직접 과탄산소다를 쓰기 시작했다.

■ 강한 산성

강한 산성을 띄는 과탄산소다는 표백에 효과적이다. 찌든 때를 빼내는 산소계표백제를 대신하거나 식초로 청소하던 세탁조를 더 강한 산성인 과탄산소다를 이용해서 청소할 수 있다. 그래서 행주를 삶을 때 과탄산소다를 넣어주면 효과적인데 주의할 점은 요리하는 냄비에 넣어 과탄산소다로 삶은 후 과탄산소다의 잔여물을 먹지 않도록 주의한다.

EM 용액

EM 용액은 유익한 미생물을 조합하고 배양한 액체이다. 시중에서는 EM 원액이나 발효액을 구입할 수 있는데, 최근에는 주민자치센터에서 무료로 배포하기도 한다.

■ 탈취

공기 중의 악취가 미생물들의 먹이 역할을 하기 때문에 탈취 효과가 있다. 설거지할 때나 배수구, 쓰레기통 냄새 제거에 도움이 된다. 특히 유익한 미생물을 이용하는 것이어서 악취 제거뿐만 아니라 물을 정화해 환경에도 좋다.

■ 해충 퇴치

미생물이 발효되면서 만든 효소제는 해충이 싫어하는 냄새로, 해충에게 해를 입히기 때문에 진드기나 개미, 바퀴벌레 같은 해충 퇴치에 도움이 된다. 이 때문에 진드기 기피제로 만들어 활용할 수 있다.

■ 기름때 제거

발효된 효소제가 설거지할 때 기름때를 제거하는 데 탁월하다.

치약

연마 작용을 통해 치아에 플라그를 제거해 주는 치약
은 청소에도 유용하게 쓸 수 있다.

■ 연마 작용

연마는 고체를 갈고 닦아서 표면을 반질반질하게 만
드는 것으로, 청소에서는 본래의 물체를 손상시키지
않으면서 표면의 이물질을 벗겨내는 것이 목적이다.
치약의 가는 입자가 이러한 연마 작용에 뛰어나기
때문에 은제품의 광을 내거나 가구에 묻은 크레파스
자국도 지울 수 있는 것이다.

알코올

가구에 묻은 크레파스를 치약으로 닦아내는 것은 연
마작용을 이용해서 지우는 것이다. 반면 장판에 묻
은 사인펜을 알코올로 닦아내는 것은 사인펜의 기
름 성분을 지용성인 알코올이 녹여서 지우는 것이
다. 이렇게 비슷해 보여도 다른 효과일 때가 있다.

■ 지용성

물에 녹는 것은 '수용성', 기름에 녹는 것은 '지용성'
이라고 한다. 알코올도 지용성이어서 생활에서 기름
때를 녹이는 데 사용할 수 있다. 삼겹살을 구운 불판
을 에탄올을 원료로 한 소주로 닦아내는 것도 같은
원리이다. 레몬과 구연산처럼 소주와 알코올도 같은
효과를 가지고 있지만 더 순수한 성분으로 강한 효
과를 지닌 것이 알코올이다. 순수한 에탄올이 많이
든 것이 약국에서 구할 수 있는 알코올인 반면 알코
올 20%와 당류 외 다른 영양분이 함유된 것이 소주
이다. 그래서 더 큰 효과를 내려면 알코올을 쓰고,
남는 소주가 버리기 아깝다면 알코올 대용으로 써
도 좋다.

■ 소독

알코올의 대표적인 기능은 소독 작용이다. 계피나 생
강 등과 섞어서 다양한 소독제를 만들어 쓸 수 있다.

굵은 소금

정제된 가는 소금 말고 정제 전의 굵은 소금이 청소하기에 적당하다.

■ 다공질

굵은 소금은 숯처럼 다공질로 되어 있어 습기를 잘 빨아들이기 때문에 제습제로 사용할 수 있다. 그리고 소금은 먼지를 잘 흡착해서 카펫 청소에도 좋다.

■ 염기성

염화나트륨인 소금은 이름에서 알 수 있는 것처럼 염기성을 가지고 있다. 염기성은 염소계 표백제를 만들 수 있는데, 대표적인 제품이 락스이다. 락스의 주성분은 사실 소금이다. 그래서 소금도 소독과 항균작용을 하기 때문에 도마 세척에 사용하면 좋다.

생강과 계피

매운 맛을 내는 생강과 계피 성분은 해충이 싫어하는 종류이므로 진드기나 곰팡이 제거에 사용하면 좋다.

기타 재료

- 산성 재료 : 강한 산성을 띄는 재료로, 콜라가 있다. 변기의 물때가 있을 때 김빠진 콜라를 넣고 청소하면 좋다.
- 알칼리성 재료 : 상한 우유는 알칼리성으로 변해 가죽을 닦는 데 좋다.
- 탈취 효과 있는 재료 : 커피찌꺼기와 밀가루를 탈취제로 쓸 수 있다.
- 연마 작용하는 재료 : 얇은 달걀껍질은 연마작용을 하기 때문에 믹서기 날을 청소할 수 있다.

깨알 같은 살림 도구의 숨은 원리

극세사 걸레

극세사는 머리카락 굵기보다 가는 매우 얇은 실로, 면보다 가볍다. 먼지, 묵은 때를 손쉽게 직물 내부로 빨아들이는 흡착력이 있다. 강한 흡착력 때문에 세탁할 때 머리카락이 잘 안 떨어지는 경우가 있는데, 실리콘솔을 사용해서 빼면 쉽게 제거할 수 있다.

매직블록

매직블록은 초극세 섬유질로 된 멜라민 폼 제품으로, 이완 작용으로 오염을 빠르게 흡수하고 방출하는 원리인데, 찌든 때와 기름때를 쉽고 빠르게 제거할 수 있다. 깨끗한 물에 매직블록을 적신 후 꼭 짜서 물기를 제거하고 사용한다. 단, TV나 PC 모니터, 자동차 외관 등 코팅된 표면이나 전자제품의 인쇄 부분은 사용하면 안 된다.

타조털이개

타조털이개는 정전기 발생이 없으면서 먼지를 끌어당겨 먼지가 날리지 않고, 스크래치를 내지 않으면서 먼지 청소가 가능하다. 총채를 사용하듯이 먼지를 두드리지 말고 타조털을 돌돌 굴려가며 먼지를 닦아낸다. 세탁은 모발 종류라고 생각하면 된다. 양모를 빨래할 때처럼 3~6개월에 한 번 미지근한 물에 울샴푸로 세척하고 그늘에서 건조한다.

고무장갑

고무장갑의 표면의 수많은 돌기가 섬유 속의 먼지를 끌어내는 역할을 한다. 이때 고무장갑 표면에 물을 묻히면, 먼지와 물 사이의 전기적인 인력에 의해 먼지가 물속으로 쉽게 끌려들어간다. 고무장갑은 의류, 카페트, 극세사 이불 등의 먼지 제거에 사용하면 좋다. 단, 청소할 때는 한쪽 방향으로만 먼지를 쓸어내려야 효과가 좋다.

신문지

신문지의 잉크입자가 먼지를 잘 흡착한다. 신문지에
물을 살짝 뿌려서 먼지가 많은 현관이나 옷장 위를 닦
아주면 좋다.

스타킹

겨울에 스타킹을 신으면 '타다닥' 전기가 일어나는 경
우가 많다. 이러한 전기는 스타킹을 신을 때는 불편하
지만 청소에는 매우 좋다. 정전기 효과를 일으켜 먼지
를 잘 끌어당기면서 청소가 가능하므로 올 나간 스타
킹도 버리지 말고 다시 사용한다.

Foreign Copyright:
Joonwon Lee
Address: 127, Yanghwa-ro, Mapo-gu, Chomdan Building 6ᵗʰ floor,
         Seoul, Korea
Telephone: 82-70-4345-9818
E-mail: jwlee@cyber.co.kr

요령 있고 센스 있게, 살림 걱정 끝!

생활 살림법

2017. 5. 16. 초판 1쇄 인쇄
2017. 5. 23. 초판 1쇄 발행

저자와의
협의하에
검인생략

지은이 | 장선희
펴낸이 | 이종춘
펴낸곳 | **BM** 주식회사 **성안당**
주소 | 04032 서울시 마포구 양화로 127 첨단빌딩 5층(출판기획 R&D 센터)
     | 10881 경기도 파주시 문발로 112 출판문화정보산업단지(제작 및 물류)
전화 | 02) 3142-0036
     | 031) 950-6300
팩스 | 031) 955-0510
등록 | 1973. 2. 1. 제406-2005-000046호
출판사 홈페이지 | **www.cyber.co.kr**
ISBN | 978-89-315-8108-9 (13590)
정가 | 18,000원

이 책을 만든 사람들
책임 | 최옥현
기획·진행 | 정지현
교정·교열 | 안혜희
표지·본문 디자인 | 상:想 company
홍보 | 박연주
국제부 | 이선민, 조혜란, 김해영, 고운채, 김필호
마케팅 | 구본철, 차정욱, 나진호, 이동후, 강호묵
제작 | 김유석

■ **도서 A/S 안내**

성안당에서 발행하는 모든 도서는 저자와 출판사, 그리고 독자가 함께 만들어 나갑니다.
좋은 책을 펴내기 위해 많은 노력을 기울이고 있습니다. 혹시라도 내용상의 오류나 오탈자 등이 발견되면 "좋은 책은 나라의 보배"로서 우리 모두가 함께 만들어 간다는 마음으로 연락주시기 바랍니다. 수정 보완하여 더 나은 책이 되도록 최선을 다하겠습니다.
성안당은 늘 독자 여러분들의 소중한 의견을 기다리고 있습니다. 좋은 의견을 보내주시는 분께는 성안당 쇼핑몰의 포인트(3,000포인트)를 적립해 드립니다.

잘못 만들어진 책이나 부록 등이 파손된 경우에는 교환해 드립니다.